Sony α6100

Michael Gradias

Sony α6100

ISBN 978-3-95982-215-2

© 2020 by Markt+Technik Verlag GmbH
　　　　　Espenpark 1a
　　　　　90559 Burgthann

Produktmanagement　Christian Braun, Burkhardt Lühr
Herstellung, Lektorat　Jutta Brunemann
Covergestaltung　David Haberkamp
Coverfotos　© Evgeni Savchenko – Unsplash, Sony Deutschland
Layout, Satz　Michael Gradias, Wolfenbüttel, www.gradias.de
Fotografien　Michael Gradias, Wolfenbüttel, www.gradias-foto.de
Produktfotos　Sony Deutschland, M. Gradias
Druck　mediaprint solutions GmbH, Paderborn
Printed in Germany

Liebe Leserin, lieber Leser,

mit der α6100 stellt Sony den Nachfolger des Erfolgsmodells α6000 vor. Die Kamera bietet eine Vielzahl an kleineren Neuerungen und ein verbessertes Autofokusmodul – es soll laut Sony wieder das weltweit schnellste Autofokusmesssystem sein. Der weiterhin günstige Preis macht die Kamera besonders für Einsteiger interessant.

Die vielen Funktionen entsprechen teilweise denen der Spiegelreflexmodelle – so vielfältig sind sie. Nun möchten Sie bestimmt erfahren, wie Sie all die Funktionen sinnvoll einsetzen können. Dann ist dieses Buch genau das richtige für Sie. Sie lernen hier Schritt für Schritt die α6100 mit all ihren Facetten an vielen praktischen Beispielen kennen und erfahren, welche Möglichkeiten sie Ihnen bietet. Durch entsprechende Fotos erfassen Sie die Möglichkeiten der Kamera ganz intuitiv. Die vielen Menüfunktionen werden praxisnah in Schritt-für-Schritt-Anleitungen erläutert. Sie erfahren auch, welche Menüfunktionen empfehlenswert sind oder eben nicht.

Die zahlreichen Fotos sollen Sie auch für Ihre nächste Fototour inspirieren – außerdem lernen Sie dabei die Möglichkeiten der Fotografie mit Systemkameras kennen. Zur Orientierung und zum Nachmachen werden bei allen Fotos die wichtigsten Aufnahmedaten angegeben.

Im letzten Teil des Buches lernen Sie die Software kurz kennen, die Sony kostenlos anbietet. So erfahren Sie beispielsweise, wie Sie Ihre Fotos verwalten, optimieren oder korrigieren. Ich wünsche Ihnen viel Freude bei der Arbeit mit Ihrer Sony α6100 und hoffe, dass Ihnen dieses Buch viele Tipps und Anregungen zum Thema geben wird.

Ihr Autor Michael Gradias

7 Die Benutzer-
einstellungen 175

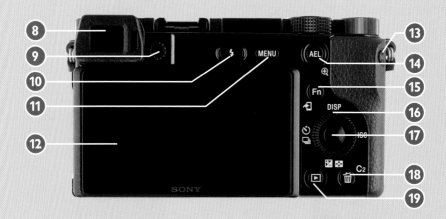

20 Zoomschalter des Objektivs 23
21 Zoomring des Objektivs 23
22 Lautsprecher
23 Computeranschluss 110
24 Ladekontrollleuchte 19
25 HDMI-Anschluss 112
26 Mikrofonanschluss 115
27 Sensorebenenmarkierung
28 Zubehörschuh
29 Ein-/Ausschalter 20

30 Fokusmodus 72
31 Auslöser 34
32 Moduswahlrad 25
33 Drehrad 42
34 Akkufacharretierung 19
35 Akkufach 19
   Speicherkartenfach 18
36 Speicherkarten-
   zugriffsleuchte 18
37 Stativgewinde

36 mm | ISO 100 | 1/400 Sek. | f 10

1 Die ersten Schritte

Sie besitzen eine Sony α6100 oder überlegen, sich eine zuzulegen? Bestimmt wollen Sie gleich zur ersten Fototour starten. Vielleicht nehmen Sie sich aber doch erst einmal ein wenig Zeit, um dieses Kapitel durchzulesen. Hier erfahren Sie, auf was Sie vor Ihrer ersten Fototour achten sollten.

Die Einordnung der Sony α6100

Sony stellt die α6100 als Nachfolgemodell der überaus erfolgreichen α6000 vor, die im April 2014 erschien. Das neue Einstiegsmodell der 6er-Serie ist mit einem Markteinführungspreis in Höhe von 899 Euro (nur Gehäuse) recht günstig. Dem günstigen Preis ist es geschuldet, dass die α6100 nur ein Kunststoffgehäuse besitzt. Sie ist aber dennoch robust.

Das schnelle Autofokusmesssystem bietet 425 Phasenvergleichssensoren an, die fast das gesamte Bildfeld abdecken. Laut Sony soll es sich zudem um das weltweit schnellste Autofokusmesssystem handeln. Die maximale Serienbildgeschwindigkeit beträgt elf Bilder pro Sekunde – dies ist ein sehr hoher Wert.

Der Sucher der α6100 löst das Bild dagegen nur mit 1,44 Millionen Bildpunkten auf – das ist etwas weniger als bei den größeren Sony-Modellen.

⬇ Größen. *Hier sehen Sie die Sensorgröße der α6100 im Verhältnis zum Kleinbildfilm. Die Markierungslinie kennzeichnet die Sensorgröße der Sony α6100.*

Die Funktionalität

Die α6100 hat eine Menge an interessanten Funktionen zu bieten. Der APS-C-Sensor löst das Bild – wie schon beim Vorgängermodell – mit 24,2 Megapixeln auf. Der Empfindlichkeitsbereich reicht von ISO 100 bis zu sehr hohen ISO 51200.

Die α6100 bietet auch die Möglichkeit an, hochwertige Videos im XAVC-S-Format als 4K-Video aufzuzeichnen. Im Full-HD-Modus haben Sie die Option, Filme mit vierfacher Zeitlupe aufzuzeichnen.

Die Menüs sind recht übersichtlich und leicht zu verstehen, wenn man mit der Sony-Menüführung bereits vertraut ist. Durch die riesige Funktionsvielfalt braucht es für Neueinsteiger in die »Sony-Welt« allerdings ein wenig Einarbeitungszeit, ehe sie das Potenzial ausreizen können.

Für eine kompakte Kamera sind die vielen verschiedenen Tasten erfreulich groß. So fällt die Bedienung der Kamera leicht. Praktisch ist auch, dass es gleich mehrere frei belegbare Tasten gibt, sodass Sie die Kamera Ihren Bedürfnissen anpassen können.

Die Kamera hat ein kleines aufklappbares Blitzlicht integriert. Außerdem können Sie einen externen Blitz auf dem Zubehörschuh anbringen.

Auch das Anschließen eines externen Mikrofons ist möglich. Dank der integrierten Wi-Fi-Funktionalität inklusive NFC-Kompatibilität können Sie die Bilder auf Ihr mobiles Gerät überspielen oder die Kamera von dort aus fernsteuern.

Gewicht und Größe

Die Sony α6100 wiegt ohne Objektiv 396 g und ist daher eine ideale Immerdabei-Kamera. Mit den Abmessungen 120 × 67 × 60 mm ist sie relativ klein.

Eindrücke in der Praxis

Nach ausgiebigen Tests in der täglichen Praxis ist deutlich geworden, dass die α6100 nicht nur wegen ihrer Funktionalität glänzen kann. Besonders die Bildqualität kann überzeugen und sich sogar in vielen Aufnahmesituationen mit der Bildqualität von teureren Spiegelreflexkameras messen.

Wenn Sie Sony-Kameras schon kennen, sorgt die typische leichte Bedienbarkeit der vielen Menüfunktionen dafür, dass man sich schnell im Menü zurechtfindet.

Oldtimer. *Mit der α6100 können Sie brillante Fotos aufnehmen.*

50 mm | ISO 100 | 1/800 Sek. | f 5.6

Akkukapazität

Sony gibt an, dass mit einer Akkuladung ungefähr 420 Bilder geschossen werden können. Trotz des Monitors, der einigen Strom benötigt, werden Sie in der Regel allerdings noch deutlich mehr Fotos schießen können, ehe der Akku leer ist. Wenn die Akkuladung zur Neige geht, wird auf dem Monitor oben rechts ein entsprechendes Symbol angezeigt.

Einige Faktoren bestimmen die Lebensdauer einer Akkuladung. Das Scharfstellen ohne ein abschließendes Auslösen verbraucht Energie genauso wie die Nutzung des Menüs sowie das Speichern von RAW-Fotos.

Memory Stick

Alternativ zur SD-Speicherkarte können Sie die α6100 auch mit einem Memory Stick Pro Duo betreiben.

Die Speicherkarte einlegen

Unter der Abdeckung auf der Kameraunterseite finden Sie den Speicherkartenschacht. Schieben Sie zunächst die SD-/SDHC-/SDXC-Speicherkarte mit der Aufschrift in Richtung Objektiv in den Slot. Sie sehen dies nachfolgend. Drücken Sie die Speicherkarte bis zum Anschlag in den Schacht. Anschließend können Sie die Abdeckung wieder schließen und arretieren.

Kontrollleuchte

Achten Sie beim Herausnehmen der Speicherkarte darauf, dass die Speicherkartenzugriffsleuchte unter der Speicherkarte nicht blinkt. Dies ist ein Zeichen dafür, dass noch Daten auf die Karte geschrieben oder von ihr gelesen werden. Wird die Karte dabei entfernt, können Sie Daten verlieren oder beschädigen. Die unauffällige Lampe ist im nebenstehenden Bild markiert.

Speicherkarte herausnehmen

Sollen die Fotos später auf den Rechner übertragen werden, kann man die Speicherkarte aus der Kamera herausnehmen und beispielsweise in den Multicard-Reader eines PCs einlegen.

Akku laden

Bevor Sie mit dem Fotografieren beginnen können, muss erst der Akku geladen werden. Die α6100 verwendet den Akkutyp NP-FW50, der sehr schlank und klein gestaltet ist. Das Laden des Akkus ist nur dann möglich, wenn der Akku in die Kamera eingelegt wurde. Schieben Sie den Akku wie nachfolgend abgebildet in das geöffnete Akkufach. Drücken Sie ihn bis zum Anschlag hinein, bis er arretiert. Schließen Sie die Akkufachklappe.

Verbinden Sie nun das mitgelieferte Netzteil mit dem Stromnetz. Anschließend muss die ausgeschaltete Kamera über die Micro-USB-Schnittstelle mit dem Netzteil verbunden werden. Der Micro-USB-Anschluss ist übrigens der obere Anschluss auf der linken Kameraseite.

Während der Akku auflädt, leuchtet die Kontrollleuchte links unter dem USB-Anschluss orangefarben. Leuchtet die Kontrollleuchte nicht mehr, ist der Akku vollständig aufgeladen. Blinkt die Lampe, wurde der Ladevorgang unterbrochen – nehmen Sie in diesem Fall den Akku heraus und setzen Sie ihn erneut ein. Der Ladevorgang könnte beispielsweise unterbrochen werden, wenn die Umgebungstemperatur zu heiß oder zu kalt ist.

Exkurs

Ladedauer
Die Ladezeit hängt vom Ladezustand des Akkus ab. Ist der Akku zum Beispiel vollständig geleert, dauert der Ladevorgang etwa 2,5 Stunden.

Ersatzakku
Auch wenn Ersatzakkus etwa 40 Euro kosten, ist es empfehlenswert, einen Ersatzakku dabeizuhaben, damit Ihnen keine unwiederbringliche Situation entgeht, weil der Akku gerade leer ist.

Alternative
Der Akku kann auch geladen werden, indem Sie den USB-Anschluss mit einem PC anstatt mit dem Netzteil verbinden.

Viele aktuelle Rechner haben bereits Multicard-Reader integriert. Drücken Sie nach dem Öffnen der Abdeckklappe fest auf die Speicherkarte. Nach dem Loslassen springt sie dann etwas nach vorne und kann herausgenommen werden.

Vorbereitungen

Bevor Sie das erste Foto mit Ihrer neuen Sony schießen, sollten Sie sich noch einigen sinnvollen Vorbereitungen widmen. Viele Werkseinstellungen der α6100 sind zwar sinnvoll und nützlich – einige Optionen sollten Sie aber dennoch anpassen. Außerdem sollten Sie die wichtigsten Bedienelemente der Kamera kennenlernen.

Ausschalten

Die Kamera schaltet sich bei Nichtbenutzung automatisch nach einer Minute aus. Mit der *Energiesp.-Startzeit*-Option im Setup-Menü können Sie eine andere Zeitspanne festlegen.

Der Schulterriemen

Als Zubehör wird ein Schultergurt mitgeliefert. Diesen sollten Sie nutzen, um die α6100 über der Schulter tragen zu können, wenn Sie auf Fototour gehen. So vermeiden Sie, dass Ihnen die sehr kleine Kamera aus der Hand gleitet und zu Boden fällt. Nur wenn Sie die Kamera grundsätzlich lieber in der Jackentasche verstauen, können Sie auf den Schultergurt verzichten – dann stört er nämlich eher. Der Schultergurt wird an den beiden Tragegurt-Ösen rechts und links am Kameragehäuse befestigt.

Einschalten der Kamera

Schalten Sie die Kamera mit dem Ein-/Ausschalter an. Nach dem Einschalten fährt das Objektiv aus und der Monitor wird aktiv. Wird die Kamera nicht genutzt, schaltet sie sich automatisch wieder aus.

Die Speicherkarten

Die Sony α6100 unterstützt SD- oder SDHC-/SDXC-Speicherkarten. Welchen dieser Kartentypen Sie einsetzen, ist prinzipiell egal.

Die SD-Speicherkarten (Secure Digital) sind auf kleinere Kapazitäten – bis 8 GByte – ausgerichtet. Die neueren SDHC-Karten (Secure Digital High Capacity) erhalten Sie in höheren Kapazitäten von 4 bis 32 GByte. Die noch neueren SDXC-Karten (Secure Digital eXtended Capacity) erlauben noch größere Kapazitäten bis hin zu 2 TByte und bieten höhere Übertragungsgeschwindigkeiten.

Die Kapazitäten und Übertragungsgeschwindigkeiten wurden im Laufe der Jahre ständig weiter verbessert. Meist sind die Mindesttransferraten auf der Karte angegeben. So unterscheidet man zum Beispiel vier Geschwindigkeitsklassen mit 2, 4, 6 und 10 MByte/Sekunde. Dies wird Class 2, 4 … genannt. Sie erkennen die Klassifizierung an der Zahl im geöffneten Kreis – beispielsweise Class 10 bei der unten rechts gezeigten Karte. Bei den SDHC-Karten werden bei einigen neueren Karten höhere Datentransferraten erreicht – dank UHS-1 (Ultra High Speed). SanDisk nennt sie »Extreme Pro«. Sie sehen eine solche Karte in der Abbildung in der Mitte.

Schnelligkeit

Die Speicherkarten werden mit verschiedenen Übertragungsgeschwindigkeiten angeboten – je schneller die Karte, umso höher ist dabei der Preis. Die Entwicklung steht in diesem Bereich aber nicht still – ständig sind schnellere mit größeren Kapazitäten erhältlich, wobei die Preise weiter purzeln.

Schnelle 16-GByte-Karten kosten aktuell ungefähr 25 Euro (wenn Sie Karten nutzen, die etwas langsamer sind, sogar nur ungefähr die Hälfte). 16-GByte-Karten bieten in der Regel genügend Speicherplatz und ein gutes Preis-Leistungs-Verhältnis. Dennoch füllen Sie bei den 24,2 Megapixeln der α6100 auch große Karten schnell – besonders, wenn Sie die bestmögliche Auflösung und Qualität verwenden. Auch das Speichern von RAW-Bildern oder Videofilmen erfordert eine Menge Speicherkapazität.

Wenn es Ihnen nicht auf die Übertragungsgeschwindigkeit ankommt, können Sie die ganz links gezeigte SDXC-Karte

Nicht sparen!

Die Speicherkarten sind bei der digitalen Fotografie das wichtigste Zubehör. Da es hier um die Sicherheit Ihrer Daten geht, sollte der Preis der Karte nicht das entscheidende Kriterium bei der Auswahl sein. Es ist empfehlenswert, auf die Speicherkarten der Markenhersteller zurückzugreifen, damit Sie keine Datenverluste erleiden.

mit 64 GByte und einer Übertragungsgeschwindigkeit von 30 MByte pro Sekunde kaufen. Sie erhalten diese Karte für etwa 20 Euro.

Bei der Auswahl von Speicherkarten gehe ich persönlich so vor: Die Speicherkarten teilen sich in unterschiedliche Kategorien auf. Je höher die Schreib-/Lesegeschwindigkeit der Speicherkarten ist, umso teurer sind sie. Genauso verhält es sich mit der Kapazität. Je höher die Kapazität, umso teurer ist die Speicherkarte. Daher wähle ich einen Kompromiss. Die Karten mit einer hohen Kapazität kaufe ich mit einer etwas geringeren Datenübertragungsrate. Um schnelle Übertragungsraten zu erreichen, was beispielsweise bei Videoaufzeichnungen von Vorteil ist, greife ich auf Karten mit einer etwas geringeren Kapazität zurück.

Das Objektiv anbringen

Einer der bedeutenden Unterschiede zwischen der Sony α6100 und einer Kompaktkamera besteht darin, dass Sie die Objektive wechseln können. Wie Sie das Objektiv am Bajonett ansetzen müssen, kennzeichnen zwei weiße Markierungspunkte, die Sie sowohl an der Kamera als auch am Objektiv finden. Sie sehen das im Bild unten. Drehen Sie das Objektiv nach dem Aufsetzen so weit nach rechts, bis es einrastet.

Um das Objektiv zu wechseln, drücken Sie den Objektiventriegelungsknopf links unter dem Bajonett und drehen das Objektiv nach links. Damit kein Staub in die Kamera gelangen kann, ist es ratsam, die Kamera beim Objektivwechsel nach unten zu halten.

Die passenden Objektive

Sony nutzt für die Alpha-Modelle das sogenannte E-Mount-Bajonett. Dieser Objektivtyp trägt das Kürzel SEL. Zurzeit bietet Sony 17 solcher Objektive an. Das Sortiment wird aber stetig erweitert. Außerdem bieten Drittanbieter wie Sigma oder Zeiss passende Objektive an.

Momentan decken die verfügbaren Sony-Objektive einen Brennweitenbereich von 10 bis 210 mm ab. Neben Zoomobjektiven gibt es auch unterschiedliche sehr lichtstarke Festbrennweiten. Mit den erhältlichen Objektiven können Sie jede fotografische Aufgabenstellung meistern. In dem reichhaltigen Angebot werden Sie kaum ein Objektiv vermissen.

Wie viele Objektive Sie wirklich benötigen, hängt von Ihren Bedürfnissen ab. Zudem spielen natürlich auch die Kosten eine große Rolle.

Wenn Sie zu Beginn den gängigen Brennweitenbereich von 16 bis 210 mm abdecken wollen und das Standardkitobjektiv 16–50 mm schon besitzen, reicht der Kauf eines zusätzlichen Zooms bereits aus. Hier bietet sich das Objektiv mit der Bezeichnung E55–210 mm F4,5–6,3 OSS SEL55210 an, das etwa 350 Euro kostet.

Wenn Sie den nebenstehend abgebildeten Adapter mit der Bezeichnung LA-EA1 einsetzen, können Sie sogar alle Objektive adaptieren, die mit einem A-Bajonett ausgerüstet sind. Diese Objektivserie wurde für das Vollformat konzipiert.

Die Brennweite ändern

Zum Ändern der Brennweite bietet die α6100 zwei verschiedene Möglichkeiten an. Wurde die Kamera übrigens gerade eingeschaltet, ist automatisch die kürzeste Brennweite eingestellt.

Um die Brennweite zu verstellen, können Sie den Ring am Objektiv nutzen, der im linken Bild auf der nächsten Seite markiert ist. Die andere Möglichkeit ist der Einsatz des Zoomschalters am Objektiv, der im folgenden rechten Bild markiert wurde.

Beim Betätigen des Zoomhebels wird auf dem Monitor oben rechts die Zoomeinstellung angezeigt – Sie sehen die Skala im unteren linken Bild. Ist der digitale Zoom in den Benutzereinstellungen aktiviert (standardmäßig ist dies nicht der Fall), erkennen

Kleinbild

Die α6100 besitzt durch den kleinen Sensor einen kürzeren Brennweitenbereich. Als Orientierung, welcher Brennweite der erreichte Bildausschnitt entspricht, wenn Sie eine Kleinbildkamera verwenden würden, wird die Brennweite jeweils umgerechnet. Der Umrechnungsfaktor beträgt bei der α6100 etwa 1,5.

Sie an dem Strich auf der Skala, ab wann Sie den Bereich des optischen Zooms verlassen. Im Bereich des digitalen Zooms wird übrigens der Autofokusmessmodus auf *Multi* fixiert.

Die Brennweite wird unter der Zoommarkierung angezeigt – Sie sehen das im Bild rechts. Daneben sehen Sie, um welchen Wert Sie den Zoom erhöhen – im Beispiel ist es 1,7-fach.

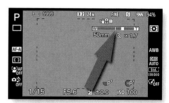

Digitalzoom

Auf den Digitalzoom sollten Sie grundsätzlich verzichten, da dabei durch die Interpolation lediglich »aufgeblähte« Bilder entstehen. Zusätzliche »echte Details« können Sie damit nicht erfassen.

Den Sucher nutzen

Wenn Sie bei hellem Umgebungslicht im Freien fotografieren, werden Sie nicht umhinkommen, den elektronischen Sucher einzusetzen. Das Monitorbild ist bei hellem Licht nur schwer zu erkennen. Der Sucher verfügt über einen sogenannten Augensensor, den ich im folgenden Bild markiert habe. Sobald Sie sich dem Sucher nähern, wird der Monitor aus- und der Sucher eingeschaltet.

Falls Sie sich wundern sollten, warum das Monitorbild verschwunden ist, überprüfen Sie, ob Sie vielleicht den Sucher verdeckt haben. Wenn Sie zum Beispiel einen Finger vor den Sucher halten, wird der Monitor ebenfalls ab- und der Sucher eingeschaltet. Das Rädchen rechts neben dem Sucher dient zum Einstellen des Dioptrienausgleichs. Daher können Sie Ihre Brille abnehmen und den Dioptrienausgleich von −4,0 bis 3,0 dpt an Ihre Fehlsichtigkeit anpassen.

Den Blitz einsetzen

Wenn Sie den Blitz nutzen wollen, müssen Sie ihn zunächst aktivieren – er wird nicht automatisch aufgeklappt. Drücken Sie dazu die im Bild rechts markierte Taste. Damit wird der kleine Blitz in der Mitte der Kamera hochgeklappt. Zur besseren Ausleuchtung ragt er nach vorne – Sie sehen dies im folgenden Bild. Zum Deaktivieren des Blitzes drücken Sie ihn einfach wieder nach unten, bis er einrastet.

Auswahl des Belichtungsprogramms

Die Sony α6100 besitzt ein Moduswahlrad zur Auswahl des Belichtungsprogramms. Mit der Auto-Option stellen Sie die Vollautomatik ein. Mit dem SCN-Modus können Sie zwischen neun Motivprogrammen wählen. Außerdem können Sie auch zwischen der Programm-, Blenden- oder Zeitautomatik sowie dem manuellen Modus wählen. Hinzu kommt der Video-

modus, ein Modus für Zeitlupen-/Zeitrafferfilme (S&Q) sowie ein Modus für Panoramaaufnahmen. Mit der MR-Option lassen sich eigene Kamerakonfigurationen aufrufen. So können Sie sich unterschiedliche Einstellungen für verschiedene Aufnahmesituationen zusammenstellen. Damit entfällt das häufige Ändern von Optionen im Menü, was natürlich Zeit spart.

Welches Belichtungsprogramm Sie aktiviert haben, sehen Sie anschließend oben links auf dem Monitor. Ich habe im folgenden linken Bild das Symbol der Vollautomatik markiert. Rechts wurde die Programmautomatik eingestellt.

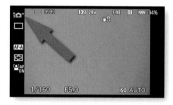 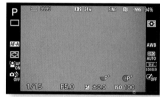

Monitoransichten

Mit der links markierten DISP-Taste des Einstellrads wechseln Sie zwischen verschiedenen Darstellungsmodi. Wenn Sie die Standardanzeigen auf dem Monitor bei der Bildbeurteilung stören, können Sie diese alternativ ausblenden – Sie sehen dies nachfolgend rechts.

Einen kurzen Moment nach dem Drücken der Taste werden noch einige bedeutende Informationen eingeblendet, die Sie im linken Bild sehen. Anschließend sehen Sie nur noch am unteren Rand die Belichtungs- und Korrekturdaten sowie etwaige Warnhinweise wie etwa das Blitzsymbol, das darauf hinweist, dass bei wenig zur Verfügung stehendem Umgebungslicht das Blitzlicht zugeschaltet werden sollte.

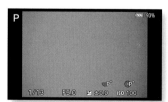 

Die DISP-Taste wird übrigens außerdem genutzt, um im Wiedergabemodus zwischen unterschiedlichen Ansichten zu wechseln.

Korrekturen vornehmen

Bei der α6100 ist es praktisch, dass einige Einstellungen über Tasten und Schalter vorgenommen werden können. So ersparen Sie sich den Umweg über das Menü. Sie können so auch Belichtungskorrekturen über das Einstellrad vornehmen, was das Einstellen erleichtert.

Das Korrigieren der Belichtung ist möglich, wenn Sie in einem der Belichtungsprogramme P, A oder S fotografieren. Der Korrekturbereich reicht von +5 bis −5 Lichtwerten. Das ist ein sehr großer Bereich, sodass Sie für alle Fälle gewappnet sind.

1 Drücken Sie die nachfolgend links abgebildete Taste des Einstellrads. Sie finden dann die rechte Ansicht vor.

Lichtwert

Mit der Belichtungsmessung wird die Menge Licht ermittelt, die notwendig ist, um das Foto unter Berücksichtigung der Empfindlichkeit korrekt zu belichten. Das Ergebnis der Messung ist also nicht ein bestimmter Blendenwert oder eine bestimmte Verschlusszeit, sondern der sogenannte Lichtwert (LW).

2 Drücken Sie das Einstellrad links oder rechts, um das Foto abzudunkeln oder aufzuhellen.

3 Nach dem Bestätigen des Wertes mit der SET-Taste in der Mitte des Einstellrads sehen Sie den eingestellten Korrekturwert in der Fußzeile in der Mitte. Er ist im nachfolgend rechten Bild markiert.

 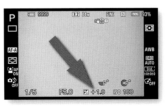

Nützliche Einstellungen

Im Folgenden stelle ich Ihnen einige wichtige Einstellungen vor, die Sie zu Beginn überprüfen sollten, um die optimale Konfiguration für die erste Fototour zu erhalten. Einige Werkseinstellungen sollten Sie nämlich verändern.

Exkurs

Datum/Uhrzeit und Sprache einstellen

Bei einer neuen α6100 müssen Sie erst einmal die Uhrzeit und das Datum sowie die Menüsprache einstellen.

1 Nach dem ersten Anschalten der Kamera werden Sie automatisch in englischer Sprache durch die notwendigen Schritte geführt.

2 Sie erreichen die Funktionen auch über das Menü. Nach dem Drücken der MENU-Taste sehen Sie oben die sechs Registerkarten, auf denen die vielfältigen Funktionen bereitgestellt werden. Drücken Sie das Einstellrad oben, sodass der Registerkartenreiter farbig erscheint. Drücken Sie es rechts oder links, um innerhalb der Registerkarten zu navigieren. Aktivieren Sie die Setup-Registerkarte – dies ist die vorletzte Registerkarte.

3 Drücken Sie das Einstellrad unten, um zwischen den verfügbaren Seiten des Setup-Menüs zu wechseln. Die Spracheinstellung finden Sie auf der vierten Seite. Drücken Sie nach der Auswahl der *Language*-Funktion die SET-Taste. Nach der Wahl der *Deutsch*-Option wird die Angabe mit der SET-Taste bestätigt.

4 Auf der vierten Seite des Setup-Menüs finden Sie auch die Funktion *Datum/Uhrzeit*. Im Untermenü, das Sie nach der Auswahl mit der SET-Taste öffnen, finden Sie drei Optionen, die Sie im vierten Bild sehen. Die erste Option dient zum Aktivieren der Sommerzeit. Mit der zweiten Option werden das Datum und die aktuelle Uhrzeit eingestellt (fünftes Bild).

5 Drücken Sie das Einstellrad oben oder unten, um die Werte zu erhöhen oder zu reduzieren – nach rechts oder links navigieren Sie zwischen den Feldern. Mit der SET-Taste schließen Sie dann die Eingabe ab.

6 Die letzte Option – *Datumsformat* – benötigen Sie, um das Format des Datums einzustellen. In Deutschland ist die letzte Option üblich (sechstes Bild).

7 Mit der Option *Gebietseinstellung* auf der fünften Seite wird die lokale Zeitzone ausgewählt. Drücken Sie das Einstellrad rechts oder links, um die Zone zu verschieben. Drücken Sie es oben, um die Sommerzeit zu aktivieren.

Die Funktionstaste nutzen

Einige besonders häufig benötigte Einstellungen können Sie über die Funktionstaste anpassen, die im Bild rechts markiert ist. Insgesamt lassen sich damit zwölf Einstellungen verändern.

1 Nach dem Drücken der Fn-Taste werden am unteren Bildschirmrand zwei Zeilen mit den Funktionen eingeblendet. Scrollen Sie mit dem Einstellrad zur *Fokusfeld*-Option.

2 Drücken Sie die SET-Taste, um in der nachfolgend in der Mitte gezeigten Ansicht die Optionen anzupassen. Drücken Sie das Einstellrad oben oder unten, um zwischen den Optionen zu navigieren.

3 Die Einstellung *Breit* ist empfehlenswert, da die Fokussierung dabei über den gesamten Bildbereich erfolgt. Die α6100 sucht das Objekt, das sich am nächsten zur Kamera befindet, und stellt darauf scharf. Drücken Sie nach der Auswahl der Option zur Bestätigung die SET-Taste.

4 Alternativ können Sie nach der Auswahl der Option auch einfach das Einstellrad drehen. Sie sehen dann die rechts gezeigte Darstellung. Bei Funktionen mit mehreren Optionen werden diese mit dem Drehrad eingestellt.

5 Bestätigen Sie die Auswahl abschließend mit der SET-Taste oder tippen Sie den Auslöser an – dadurch wird die Auswahl ebenfalls übernommen.

Menüeinstellungen anpassen

Viele der standardmäßig vorgegebenen Einstellungen sind gut – einige sollten Sie allerdings anpassen. Gehen Sie dazu folgendermaßen vor:

1 Rufen Sie das Menü mit der MENU-Taste rechts über dem Monitor auf.

2 Die jeweiligen Einstellungen werden mit dem Einstellrad geändert, das sich rechts neben dem Monitor befindet. Drücken Sie das Einstellrad oben, wechseln Sie zu den Registerkarten. Sie sehen dies im nachfolgenden Bild links – die farbige Hervorhebung kennzeichnet die aktive Registerkarte. Wird das Einstellrad rechts oder links gedrückt, können Sie zwischen den Registerkarten wechseln. Rufen Sie die Kameraeinstellungen auf – dies ist die erste Registerkarte.

3 Da es pro Rubrik sehr viele Optionen gibt, sind diese auf mehreren Seiten untergebracht. Die im rechten Bild markierte Zahl und die Punkte unten kennzeichnen die aktuelle Seite. Drücken Sie das Einstellrad links oder rechts, um zwischen den Seiten zu navigieren. Im folgenden rechten Bild wurde die erste Seite der Kameraeinstellungen aufgerufen.

4 Um eine Option auf der Seite aufzurufen, drücken Sie das Einstellrad unten so oft, bis Sie die gewünschte Option erreicht haben. Um die Parameter einer Option ändern zu können, muss die SET-Taste gedrückt werden. Dann erscheint ein gesondertes Menü, in dem Sie die verfügbaren Einstellungen finden – Sie sehen dies im folgenden rechten Bild.

5 Bei der Option *JPEG-Bildgröße* ist es empfehlenswert, die größte Bildgröße zu wählen.

Qualität

Bei der Bildqualität und -größe sollten Sie keine Kompromisse eingehen, zumal Speichermedien – auch bei großen Speicherkapazitäten – sehr günstig zu erwerben sind.

6 Kompaktkameras bieten meist das 4:3-Seitenverhältnis an – bei der α6100 ist dagegen das 3:2-Seitenverhältnis die Standardvorgabe, wie es bei Spiegelreflexkameras üblich ist. Alternativ dazu können Sie mit der *Seitenverhält.*-Funktion das Breitbild-format 16:9 oder das 1:1-Seitenverhältnis einstellen.

7 Wenn Sie gerne im RAW-Format fotografieren, könnte die erste Option – *Dateiformat* – interessant für Sie sein. Hier können Sie wahlweise nur ein RAW-Bild, JPEG-Bild oder ein RAW-Bild kombiniert mit einem JPEG-Bild aufnehmen.

8 Die zweite Option bezieht sich auf die Bildqualität. Auch bei der Bildqualität kann ich keine ganz klare Empfehlung aussprechen. Im Prinzip ist die voreingestellte Option *Fein* eine gute Wahl. Wenn Sie allerdings die maximal mögliche JPEG-Bildqualität nutzen wollen, können Sie auch die *Extrafein*-Option einstellen, bei der eine geringere JPEG-Komprimierung genutzt wird. Dies führt aber zu einer größeren Dateigröße. So finden bei dieser Option beispielsweise auf einer 8-GByte-Speicherkarte ungefähr 440 Bilder der α6100 Platz (je nach Motiven) – bei der *Fein*-Option sind es dagegen etwa 800 Bilder.

Autofokushilfslicht deaktivieren

Es gibt noch einige weitere erwähnenswerte Menüeinstellungen, denen Sie Beachtung schenken sollten. Auf der fünften Seite der

---

Seitenformat

Die α6100 schneidet beim 16:9-Format oben und unten Bildteile ab. Beim 1:1-Seitenverhältnis werden rechts und links Bildteile abgeschnitten.

RAW & JPEG

RAW-Bilder enthalten sozusagen die Rohdaten des Bildes. Bevor diese Bilder allerdings weiterverwendet werden können, müssen Sie die Bilder »entwickeln« und in ein anderes Dateiformat konvertieren – beispielsweise JPEG. Wenn Sie sich das Entwickeln aller Bilder ersparen wollen, kann die Option *RAW & JPEG* interessant sein. Wenn alles passt, können Sie dann das JPEG-Bild nutzen – falls Optimierungen notwendig sind, die RAW-Variante.

Kameraeinstellungen finden Sie die Option *AF-Hilfslicht*. Sie ist standardmäßig aktiviert.

Ich empfehle Ihnen aber, sie zu deaktivieren. Einerseits fokussiert die α6100 auch bei wenig Licht sehr gut, und andererseits gibt es viele Situationen, bei denen das Autofokushilfslicht stört. Aufnahmen bei Veranstaltungen seien hier als ein Beispiel genannt.

Gitterlinien einblenden

Auf der zweiten Registerkarte sind die Benutzereinstellungen untergebracht. Hier empfehle ich Ihnen, die *Gitterlinie*-Option zu aktivieren. Sie ist standardmäßig deaktiviert.

Im nachfolgend in der Mitte gezeigten Untermenü finden Sie drei verschiedene Optionen, um Hilfslinien in das Monitorbild einzublenden.

Die Hilfslinien sind unter anderem bei der Ausrichtung der Kamera nützlich. So können Sie etwa unschöne schiefe Horizonte vermeiden. Außerdem helfen sie bei der Bildgestaltung. So können Sie beispielsweise die Option *3x3 Raster* einsetzen, um Bilder gemäß der Regel des »Goldenen Schnitts« gestalten zu können.

Achten Sie bei der Bildaufteilung darauf, das Motiv nicht in der Bildmitte zu platzieren. Schieben Sie es in das linke oder rechte Bilddrittel. In der Malerei – bei den großen Meistern – wurde dies Goldener Schnitt genannt. Ohne hier ins Detail zu gehen: Man geht dabei davon aus, dass durch das Dritteln des Fotos die ausgewogenste Komposition erzielt wird.

  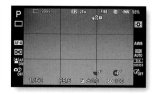

Digitalzoom deaktivieren

Auf der fünften Seite der Benutzereinstellungen sollten Sie bei der *Zoom-Einstellung* die standardmäßig vorgegebene Option *Nur optischer Zoom* aktiviert lassen. Der Digitalzoom erreicht nur durch Interpolation (Hinzurechnen von Pixeln) eine größere Brennweite.

Das Ergebnis sind lediglich größere Dateien – mehr Details werden damit nicht sichtbar. Daher ist diese Funktion nicht zu empfehlen. Außerdem gibt es diverse Situationen, bei denen der Digitalzoom nicht eingesetzt werden kann, wie zum Beispiel beim Aufnehmen eines Schwenk-Panoramas oder wenn Sie Bilder im RAW-Modus machen.

In der Zoomskala, die beim Zoomen auf dem Monitor angezeigt wird, kennzeichnet der Strich die Begrenzung auf den Bereich, die der optische Zoom abdeckt.

◙ **Fassadendetail.**
Gitterlinien können beim geraden Ausrichten der Kamera ebenso hilfreich sein wie bei der Bildgestaltung.

30 mm | ISO 100 | 1/200 Sek. | f 5.6

Teile abschneiden

Da bei der Smart-Zoom-Option nur Bildteile abgeschnitten werden, können Sie dies viel genauer nachträglich per Bildbearbeitung selbst erledigen. Daher sollten Sie nur auf diese Funktion zurückgreifen, wenn Sie sich die nachträgliche Bearbeitung ersparen wollen.

Wenn Sie nicht die größte Bildgröße eingestellt haben, wird der sogenannte Smart-Zoom verfügbar. Der Strich kennzeichnet beim Zoomen, ab wann Bildteile abgeschnitten werden. Rechts daneben sehen Sie den Wert, um den sich die maximale Brennweite verlängert – im nachfolgend unten gezeigten Beispiel ist es 1,3-fach. Dabei werden einfach Bildteile abgeschnitten, sodass keine qualitative Verschlechterung entsteht. Da Bildteile abgeschnitten werden, kann der Smart-Zoom nicht genutzt werden, wenn die größte Bildgröße eingestellt wurde. Bei der Option *Klarbild-Zoom* entsteht eine etwas bessere Qualität beim Interpolieren.

Bilder schießen

Um das Motiv automatisch scharf zu stellen, drücken Sie den Auslöser halb durch. Wenn korrekt fokussiert wurde, erscheint der Messfeldrahmen in Grün – andernfalls blinkt der Schärfeindikator in der Fußzeile ganz links grün. Neben der Schärfemessung wird dabei auch die passende Blende-Verschlusszeit-Kombination für eine korrekte Belichtung eingestellt. Die gewählte Verschlusszeit und Blende werden auf dem Monitor unten links angezeigt. Zum Auslösen wird der Auslöser dann ganz durchgedrückt.

Bilder betrachten

Wenn in den Benutzereinstellungen unter der Funktion *Bildkontrolle* nicht die Option *Aus* eingestellt wurde, wird nach der Aufnahme das Foto für die dort eingestellte Zeitspanne auf dem

Monitor angezeigt, sodass eine Kontrolle der Bildqualität und des Bildausschnitts möglich ist. Links unten werden das Aufnahmedatum und die -uhrzeit angezeigt, daneben die Aufnahmedaten sowie diverse weitere Aufnahmeeinstellungen wie etwa die Bildqualität- und Bildgröße-Einstellung. Am oberen Rand ist die Gesamtbildanzahl der aufgenommenen Bilder zu sehen. Wenn Sie die DISP-Taste zweimal drücken, werden die Anzeigen komplett ausgeblendet, sodass Sie das Bild ohne störende Elemente betrachten können. Wollen Sie die detaillierten Aufnahmedaten zum Bild sehen, drücken Sie die DISP-Taste nur einmal. Sie sehen in der rechten Abbildung, dass dann im unteren Bereich die Aufnahmedaten eingeblendet werden.

Wiedergabe

Sie können auch die Wiedergabetaste links unter dem Einstellrad nutzen, um in den Wiedergabemodus zu wechseln.

Das Histogramm

Rechts wird das Histogramm der einzelnen Farbkanäle – und ganz oben des Gesamtbildes – angezeigt. Mit dem Histogramm wird die Verteilung der Tonwerte geprüft. Es kann zur Beurteilung einer Fehlbelichtung verwendet werden. Rechts und links

Prüfung. *Prüfen Sie nach der Aufnahme das Ergebnis, um beispielsweise mithilfe des Histogramms Fehlbelichtungen festzustellen.*

50 mm | ISO 100 | 1/60 Sek. | f 5.6 | int. Blitz

Belichtung

In der Histogramm-
Ansicht werden
über- und unter-
belichtete Bereiche
gekennzeichnet.
So blinken über-
belichtete Bereiche
schwarz und unter-
belichtete weiß.

sollten keine größeren leeren Bereiche zu sehen sein, wenn das Foto korrekt belichtet wurde. Links werden die Häufigkeiten der dunklen Tonwerte angezeigt – rechts die der hellen. Je weiter der »Tonwertberg« nach oben reicht, umso häufiger ist der jeweilige Tonwert vertreten.

Bildindex

Um eine Übersicht über die aufgenommenen Fotos zu erhalten, können Sie sich mehrere Bilder gleichzeitig ansehen. Drücken Sie dazu das Einstellrad unten. So werden standardmäßig zwölf Fotos gleichzeitig angezeigt. Außerdem ist eine Kalenderansicht verfügbar, wenn Sie in den Bereich ganz links navigieren. Sie sehen die beiden Optionen in den beiden folgenden Bildern. Drücken Sie die SET-Taste, um wieder zur Anzeige eines einzelnen Bildes zu gelangen. Das aktuell markierte Bild wird mit einem orangefarbenen Rahmen hervorgehoben.

Das Scrollen in den Bildern erledigen Sie am schnellsten, indem Sie das Einstellrad oder Drehrad drehen. Beim Drehen nach rechts wird das nächste Bild, beim Drehen nach links das vorherige Bild angezeigt. Wurden viele Bilder aufgenommen, fällt so das Navigieren besonders leicht.

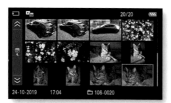

Im Bereich links finden Sie unterschiedliche Optionen, um die Darstellung zu variieren. So können Sie beispielsweise nur den Inhalt eines bestimmten Ordners oder nur Filme anzeigen. Sie wechseln in diesen Bereich, indem Sie das Einstellrad links drücken. Im folgenden rechten Bild sehen Sie die Ordnerauswahlmöglichkeit.

Alternative: Menü

Die unterschied-
lichen Sortierungs-
optionen erreichen
Sie auch über das
Wiedergabemenü
mit der Funktion
Ansichtsmodus.

Darstellungen vergrößern

Um das aufgenommene Foto genau beurteilen zu können, bietet die Sony α6100 die Möglichkeit einer Ausschnittvergrößerung an.

Natürlich ist die exakte Beurteilung erst am Rechner möglich – aber der Einsatz der extremen Vergrößerung kann Ihnen helfen, Details des Fotos zu analysieren. Der gute Monitor der α6100 hilft auch im Freien durch seine Größe und den möglichen Betrachtungswinkel.

Betrachtungswinkel

Das Monitorbild kann auch begutachtet werden, wenn Sie die Kamera ein wenig nach oben oder unten kippen.

1 Drücken Sie die AEL-Taste so oft, bis die gewünschte Ausschnittvergrößerung zu sehen ist.

2 Mit dem Einstellrad kann auch in dieser Darstellung der Bildausschnitt verschoben werden. Um die Ansichtsgröße wieder zu reduzieren, drehen Sie das Einstellrad nach links. Um die Vergrößerungsansicht wieder zu beenden, drücken Sie die SET-Taste in der Mitte des Einstellrads.

Bilder löschen

Bilder, die misslungen sind oder Ihnen nicht gefallen, löschen Sie ganz einfach durch Drücken der Taste mit dem Mülleimersymbol, die Sie rechts unter dem Einstellrad finden. Sie sehen sie in der folgenden Abbildung links markiert. Erst nach dem Bestätigen einer Sicherheitsabfrage wird das Bild, das aktuell auf dem Monitor angezeigt wird, gelöscht.

Mehrere Bilder

Wenn Sie mehrere Bilder auf einmal löschen wollen, können Sie die Löschen-Funktion aus dem Wiedergabemenü verwenden.

2 Die Belichtungs-automatiken

Wenn Sie sich um möglichst wenig kümmern und schnell ordentliche Fotos schießen wollen, verwenden Sie einfach die verschiedenen Automatikeinstellungen, die die α6100 anbietet. Sie haben dabei diverse Eingriffsmöglichkeiten. In vielen Fällen werden Sie damit gute Ergebnisse erzielen.

Diverse Belichtungsautomatiken

Wie die »Vorgängermodelle« bietet auch die α6100 verschiedene Aufnahmeprogramme an. Sie brauchen sich um fast nichts – außer um die geeignete Bildkomposition – zu kümmern. So können Sie im Menü der Belichtungsprogramme den *SCN*-Modus einstellen und dann zwischen neun verschiedenen Aufnahmeprogrammen wählen. Für Einsteiger in die digitale Fotografie können diese Programme eine gute Hilfe sein.

Wer über den Einsteigerstatus hinausgewachsen ist, wird diese Aufnahmeautomatiken meist nicht mehr nutzen, um selbst besser in die Einstellungen eingreifen zu können.

Die Sony α6100 bietet dafür neben der Programmautomatik auch eine Zeit- sowie eine Blendenautomatik an.

Außerdem lassen sich die Einstellungen manuell vornehmen, was für Spezialaufgaben nützlich ist.

Auswahl des Belichtungsprogramms

Zusätzlich zu den Motivprogrammen, die Sie über die SCN-Option erreichen, bietet die α6100 zwei Vollautomatiken an. Drehen Sie das Moduswahlrad dazu auf die nebenstehend markierte Auto-Option.

Welche der beiden Vollautomatiken genutzt werden soll, legen Sie nach dem Drücken der Funktionstaste mit der im linken Bild markierten Option fest. Damit wird das in der Mitte gezeigte Menü geöffnet. Alternativ dazu können Sie auch die rechts gezeigte Menüoption auf der dritten Seite der Kameraeinstellungen nutzen.

Intelligente Automatik

Wenn Sie beispielsweise bei Schnappschüssen schnell aufnahmebereit sein wollen, bietet sich die intelligente Automatik an, die in vielen Fällen zu einer optimalen Belichtung führt. Hierbei ermittelt die α6100 unter anderem die passende Belichtungszeit und Blende selbstständig. Auch der passende Weißabgleich wird automatisch ermittelt, ebenso die ISO-Einstellung – daher können diese Optionen auch nicht verändert werden. Falls zu wenig Licht vorhanden ist, können Sie den integrierten Blitz verwenden. Die α6100 analysiert die Szene und wählt automatisch ein geeignetes Motivprogramm aus. So sehen Sie beim folgenden linken Bild am markierten Symbol, dass die Makroszene richtig erkannt wurde. Rechts sehen Sie, dass diverse Optionen nicht angepasst werden können – sie sind deaktiviert.

> **Deaktiviert**
> Auch im Menü sind in diesem Modus sehr viele Funktionen deaktiviert. Dies ist normal, weil die α6100 all diese Parameter selbstständig einstellt.

Ente. *Für Schnappschüsse eignet sich die intelligente Automatik.*

180 mm | ISO 100 | 1/400 Sek. | f 11

Überlegene Automatik

Das zweite Automatikprogramm ist fast identisch mit der intelligenten Automatik. Es heißt »Überlegene Automatik«. Es gibt aber einen bedeutenden Unterschied zur intelligenten Automatik: In bestimmten Situationen nimmt die α6100 in diesem Modus schnell hintereinander mehrere Fotos auf und kombiniert diese kameraintern zu einem einzigen Bild.

Dadurch entsteht eine bessere Bildqualität. So wird beispielsweise bei Aufnahmen in der Dämmerung ein Ergebnis mit weniger Bildrauschen möglich.

Montagebilder entstehen nur, wenn das JPEG-Format eingestellt wurde – daher ist beim RAW-Format die intelligente Automatik die bessere Wahl.

Das SCENE-Menü

Die α6100 bietet neun Motivprogramme an, die sich auf spezielle Motivsituationen wie etwa Sonnenuntergänge oder Nachtaufnahmen beziehen. Die α6100 stellt automatisch die zur Szene passenden Aufnahmeparameter ein.

1 Wählen Sie mit dem Moduswahlrad die links markierte SCN-Option aus.

2 Sie haben drei verschiedene Möglichkeiten, um das Motivprogramm zu wechseln. Drehen Sie dazu beispielsweise das Drehrad. Orientieren Sie sich dann am Symbol in der linken oberen Ecke, welches Motivprogramm gerade aktiv ist. Im folgenden Beispiel ist es das *Porträt*-Motivprogramm. Übrigens weist das mit dem unteren Pfeil markierte Symbol darauf hin, welches Bedienelement zum Einstellen verwendet werden kann.

3 Die zweite Möglichkeit ist die Menüfunktion *Szenenwahl*, die Sie auf der dritten Seite der Kameraeinstellungen finden.

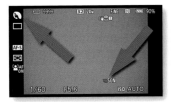

SCENE-Modus

Für Einsteiger sind die Motivprogramme durchaus hilfreich. Wenn Sie den Einsteigerstatus überwunden haben, sollten Sie aber eher auf die Belichtungsprogramme zurückgreifen.

4 Wenn Sie die Menüvariante wählen, zeigt die α6100 ein Beispielfoto und einen erläuternden Text für das betreffende Motivprogramm an – wie im folgenden Bild. Die letzte Variante besteht darin, die Funktionstaste zu drücken und die im rechten Bild aktivierte Option aufzurufen. Auch bei dieser Möglichkeit werden die erläuternden Texte angezeigt.

Was machen die Motivprogramme?

Manche Anwender werden sich fragen, was denn mit den Kameraeinstellungen passiert, wenn man Motivprogramme verwendet. Zunächst werden die Blende und die Belichtungszeiten so angepasst, wie es für eine bestimmte Situation nötig ist, um gute Bilder zu erhalten.

So wird zum Beispiel eine kurze Belichtungszeit verwendet, wenn Sie im *Sport*-Modus arbeiten. Deshalb wird der Sportler – trotz Bewegung – scharf abgebildet. Falls das zur Verfügung stehende Licht nicht für eine kurze Belichtungszeit ausreicht, wird der ISO-Wert automatisch erhöht.

Bei Landschaftsaufnahmen spielt dagegen die Belichtungszeit nur eine untergeordnete Rolle. Hier kommt es darauf an, einen möglichst großen Bereich scharf abzubilden. Daher verwendet die α6100 in diesem Modus automatisch einen hohen Blendenwert. Offensichtlich ist auch noch, dass der Blitz in bestimmten Programmen deaktiviert wird, um beispielsweise die Stimmung bei Nachtaufnahmen zu erhalten.

Dann wird es allerdings etwas kniffliger mit der Beurteilung, was beim Einsatz der Motivprogramme kameraintern passiert – Sony stellt hier keinerlei Informationen bereit.

Deaktiviert

Auch wenn es zunächst merkwürdig erscheinen mag – es ist sinnvoll, dass bei den Motivprogrammen bestimmte Funktionen nicht verfügbar sind. Wenn die Parameter frei einstellbar wären, ergäbe die Automatik ja keinen Sinn.

Dennoch ist einiges erkennbar, wenn man einen Blick auf die Anzeigen auf dem Monitor wirft. Alle nicht mehr vorhandenen Optionen stellt die α6100 eigenständig ein – daher sind diese Funktionen auch nicht sichtbar. Sie sehen dies nachfolgend – dort sind alle Anzeigen auf der rechten Seite des Monitors verschwunden. Daran erkennen Sie, dass beispielsweise der Weißabgleich sowie die Bildoptimierungsfunktionen automatisch eingestellt werden.

Welche Funktionen nicht verfügbar sind, unterscheidet sich von Motivprogramm zu Motivprogramm – das sehen Sie in den beiden folgenden Bildern. So sind beim Sportprogramm (links) andere Optionen aktivierbar als beim rechts gezeigten Makroprogramm. An den Beispielbildern erkennen Sie auch, dass bei Sportaufnahmen der Serienbildmodus genutzt wird, während bei der Makroaufnahme der Einzelbildmodus verwendet wird. Bei Makroaufnahmen wird der Autofokusmodus AF-S eingesetzt, bei Sportaufnahmen der kontinuierliche Autofokus AF-C.

Bestimmte Einstellungen können Sie dennoch vornehmen – wie in den beiden Modi oben zum Beispiel den Fokusmodus. So können Sie in gewissem Maße Einfluss auf das Ergebnis nehmen. Auch die Bildgröße und -qualität sowie das Seitenverhältnis können frei gewählt werden. Ansonsten wendet die Sony α6100 alle kcamerainternen Optimierungsfunktionen an, die für die jeweilige Aufnahmesituation erforderlich sind. Das können einerseits die Funktionen zur Rauschreduzierung bei Langzeitaufnahmen oder Aufnahmen mit hohen ISO-Werten sein.

Andererseits werden die Bildoptimierungsoptionen automatisch angepasst, damit zum Beispiel die Farben bei Landschaftsaufnahmen kräftiger erscheinen.

Fazit

Welche Einstellungen ganz genau vorgenommen werden, lässt sich nicht feststellen, weil eine detaillierte Dokumentation darüber fehlt. Trotz allem werden die Motivprogramme, gerade bei Neueinsteigern in die digitale Fotografie, die »Trefferwahrscheinlichkeit« erhöhen, zu einem guten Foto zu gelangen.

Der Porträt-Modus

Der *Porträt*-Modus wird mit einem Kopf symbolisiert. Bei diesem Modus wählt die α6100 eine Blende-Verschlusszeit-Kombination, bei der ein unscharfer Hintergrund entsteht.

Dies wird erreicht, indem die Blende möglichst weit geöffnet wird. So eignet sich dieser Modus beispielsweise gut, wenn Objekte vom Hintergrund freigestellt werden sollen. Zur Fokussierung wird die automatische Gesichtserkennung aktiviert. Wenn kein Gesicht erkannt wird, erfolgt die Fokussierung in der Bildmitte. Wenn Gesichter erkannt wurden, wird die Haut weichgezeichnet. Da die Bearbeitung des Bildes einen Moment dauert, verzögert sich das Speichern etwas.

Der Sport-Modus

Wenn bei sich bewegenden Motiven schnelle Bewegungen festgehalten werden sollen, bietet sich der *Sport*-Modus an. Hier wird die Priorität auf möglichst kurze Belichtungszeiten gelegt. Gegebenenfalls wird der ISO-Wert erhöht.

Es wird das breite Fokusmessfeld eingestellt. Die α6100 fokussiert kontinuierlich, bis der Fokus durch Drücken des Auslösers bis zum ersten Druckpunkt gespeichert wird.

Bei Sportaufnahmen ist es völlig normal, dass sehr viele Fotos geschossen werden und Sie sich dann nach dem Übertragen auf den Rechner die gelungensten heraussuchen.

Gegebenenfalls kann auch der passende Bildausschnitt nachträglich mithilfe eines Bildbearbeitungsprogramms gewählt werden – bei den 24,2 Megapixeln der α6100 ist genug Reserve enthalten, wenn Bildpartien abgeschnitten werden. Gerade bei Sportaufnahmen ist es ziemlich schwierig, den perfekten Ausschnitt sofort zu erreichen, da die Kamera ständig nachgeführt werden muss.

Sportaufnahmen

Bei Sportaufnahmen sind ein Teleobjektiv und ein wenig Geduld nötig. Sie müssen auf interessante Situationen warten können.

⊡ Sportaufnahmen.
Durch die hohe Auflö-
sung der α6100 müssen
Sie bei Sportaufnah-
men das Foto nicht bild-
füllend aufnehmen. Sie
können einfach später
am Rechner den pas-
senden Bildausschnitt
wählen. So zeigt dieses
Bild beispielsweise nur
etwa 60 % des Origi-
nalfotos.

110 mm | ISO 800 |
¹/₂₅₀ Sek. | f 4.2

Der Makro-Modus

Wenn Sie gerne Blumen, Insekten oder andere kleine Objekte fotografieren, ist der *Makro*-Modus das Richtige für Sie.

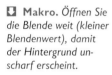

⬇ Makro. *Öffnen Sie*
die Blende weit (kleiner
Blendenwert), damit
der Hintergrund un-
scharf erscheint.

180 mm | ISO 100 |
¹/₃₂₀ Sek. | f 5.6

Sie können mit der α6100 mit einem Weitwinkelobjektiv bis auf wenige Zentimeter an das Motiv herangehen und dennoch scharf stellen. Setzen Sie ein Teleobjektiv ein, muss ein größerer Abstand zum Motiv eingehalten werden. Der Mindestabstand variiert je nach verwendetem Objektiv.

Wenn zu wenig Licht zur Verfügung steht, können Sie den Blitz zuschalten. Sie müssen allerdings bedenken, dass nicht im-

mer die gesamte Szene ausgeleuchtet werden kann, wenn Sie sich sehr nah am Objekt befinden. Das liegt daran, dass der Blitz (der nicht geschwenkt werden kann) über das Objekt »hinwegblitzt«.

Der Landschaft-Modus

Wenn Sie begeisterter Landschaftsfotograf sind, könnte der *Landschaft*-Modus für Sie die richtige Wahl sein. Bei diesem Modus werden die Kontraste und Farben automatisch verstärkt – außerdem wird das Foto geschärft. So entstehen brillante Ergebnisse. Sie sehen dies beim Beispielbild unten.

Bei der Landschaftsfotografie kommt es vor allem auf einen möglichst großen Schärfebereich an. Daher wird der Blendenwert möglichst hoch eingestellt – die Blende wird also geschlossen. Kurze Belichtungszeiten spielen bei Landschaftsaufnahmen eine untergeordnete Rolle, da sich meist nichts bewegt.

⬗ Vorharz. *Im Landschaft-Modus entstehen brillante Ergebnisse.*

50 mm | ISO 100 | 1/320 Sek. | f 6

Sonnenuntergang

Beim folgenden Modus – *Sonnenuntergang* – werden die Weiß-abgleicheinstellungen automatisch so angepasst, dass die natürliche rötliche Farbgebung dieser schönen Stimmung erhalten bleibt. Dazu werden auch die Farbsättigung-Einstellungen angepasst. Um einen möglichst großen Bereich scharf abzubilden, wird die Blende weit geschlossen.

Sonnenunter-gang. *Der Sonnenuntergang-Modus erhält die schöne rötliche Farbstimmung der Sonnenuntergänge.*

170 mm | ISO 100 | 1/1000 Sek. | f 11

Der Modus Nachtszene

Beim Motivprogramm *Nachtszene* wird das integrierte Blitzgerät deaktiviert. Außerdem wird das Bildrauschen automatisch reduziert. Es wird ein niedriger Blendenwert eingestellt, um möglichst viel Licht einfangen zu können und das Bild nicht zu

verwackeln. Dadurch ergibt sich naturgemäß eine geringe Schärfentiefe. Gegebenenfalls erhöht die α6100 den ISO-Wert, der in diesem Modus auf *ISO AUTO* eingestellt wird. Zudem wird das Bild geschärft.

Handgehalten bei Dämmerung

Wenn Sie kein Stativ zur Hand haben, ist das nächste Programm – *Handgeh. bei Dämm.* – die richtige Wahl. Um bessere Bilder zu erhalten, nimmt die α6100 sechs Fotos in schneller Folge auf und kombiniert diese kameraintern zu einem einzigen Bild. So wird das Bildrauschen reduziert. Auch Verwacklungsunschärfen lassen sich so in gewissem Rahmen verbessern. Blitzen können Sie in diesem Modus natürlich nicht.

Nachtaufnahme

Beim *Nachtaufnahme*-Modus wird der integrierte Blitz aktiviert. Daher müssen Sie ihn aufklappen. Durch die zusätzliche Langzeitbelichtung wird ein natürlich wirkender Hintergrund erzielt. Da der Blitz auf Langzeitsynchronisation eingestellt wird, ist es empfehlenswert, mit einem Stativ zu arbeiten.

Auch in diesem Modus wird die Gesichtserkennung aktiviert. Wenn Gesichter erkannt werden, wird auf das Gesicht fokussiert, das sich der Kamera am nächsten befindet. Außerdem wird die Option zur Reduzierung des unschönen Rote-Augen-Effekts eingeschaltet.

Anti-Bewegungs-Unschärfe

Den nächsten Modus – *Anti-Beweg.-Unsch.* – können Sie einsetzen, um Unschärfen zu verhindern, die durch sich bewegende Motive entstehen. Allerdings sollten sich die Objekte nicht allzu schnell bewegen, damit ein gutes Ergebnis entsteht. Auch bei diesem Motivprogramm werden in schneller Folge mehrere Fotos aufgenommen und zu einem montiert. Dabei werden die Einzelfotos unterbelichtet, um eine möglichst kurze Belichtungszeit zu erreichen, wodurch Bewegungsunschärfen minimiert werden können. Zudem wird das Bildrauschen durch die Bildkombination reduziert.

> **Montagebilder**
>
> Setzen Sie einen der Modi ein, bei denen Bilder zusammenmontiert werden, müssen Sie ein wenig Geduld haben, ehe Sie das nächste Bild schießen können. Das Zusammensetzen der Bilder dauert einen Moment.

Exkurs

Empfindlichkeit

Beim Erhöhen der Empfindlichkeit um eine volle Stufe – also zum Beispiel von ISO 200 auf ISO 400 – erhöht sich die Lichtwertstufe um 1. Sie können also entweder die Blende um eine ganze Stufe schließen oder die Belichtungszeit um eine volle Stufe verkürzen.

Lichtwert

Mit der Belichtungsmessung wird die Menge Licht ermittelt, die notwendig ist, das Foto unter Berücksichtigung der Empfindlichkeit korrekt zu belichten.

Das Ergebnis der Messung ist also nicht etwa ein bestimmter Blendenwert oder eine bestimmte Verschlusszeit, sondern der sogenannte Lichtwert (LW). Der Lichtwert 0 wird dabei mit der Einstellung von Blende 1 und der Verschlusszeit von einer Sekunde gleichgesetzt. Ist der Lichtwert um 1 höher, gleicht dies der doppelten Lichtmenge – beim Halbieren der Hälfte.

Der Lichtwert alleine sagt allerdings noch nichts aus: Lichtwert 12 ist also nichtssagend. Es muss stets die Empfindlichkeit berücksichtigt werden. »Lichtwert 12 bei ISO 100« ist daher aussagekräftig. Bei diesem Beispiel steht einigermaßen ordentliches Licht zur Verfügung – Lichtwert 15 bei ISO 100 finden Sie beispielsweise in etwa bei strahlend blauem Himmel vor. Steht der Lichtwert fest, können Sie sich irgendeine Kombination, die zu diesem Lichtwert passt, für die Belichtung des Fotos aussuchen.

In der Tabelle auf der nächsten Seite habe ich als ein Beispiel die möglichen Varianten für den Lichtwert 12 bei ISO 100 zur Verdeutlichung markiert. Sie können sich also bei diesem Wert aussuchen, ob Sie das Foto beispielsweise mit $1/30$ Sekunde und Blende 11 belichten wollen oder lieber mit $1/60$ Sekunde bei Blende 8.

Alle anderen markierten Verschlusszeit-Blende-Kombinationen führen ebenfalls zur korrekten Belichtung des Bildes. Für die Wahl der Kombination sind also Gestaltungskriterien entscheidend, bei denen beispielsweise eine Bewegung eingefroren oder eine bestimmte Schärfentiefe erreicht werden soll.

Alternativ

Gelegentlich könnte Ihnen auch die Bezeichnung EV für den Lichtwert begegnen. Sie kommt von dem englischen Begriff Exposure Value.

Motivprogramme

Bei Motivprogrammen ist es so, dass die Kamera eine vermeintlich passende Kombination für eine bestimmte Situation ermittelt.

So »weiß« die Kamera zum Beispiel, dass es bei Sportaufnahmen auf kurze Belichtungszeiten ankommt, und stellt deshalb eine Kombination mit einer kurzen Belichtungszeit ein – in der Tabelle auf der nächsten Seite also etwa $1/500$ Sekunde bei Blende 2.8.

LW	2 s	1 s	1/2 s	1/4 s	1/8 s	1/15 s	1/30 s	1/60 s	1/125 s	1/250 s	1/500 s	1/1000 s	1/2000 s
f 32	9	10	11	12	13	14	15	16	17	18	19	20	21
f 22	8	9	10	11	12	13	14	15	16	17	18	19	20
f 16	7	8	9	10	11	12	13	14	15	16	17	18	19
f 11	6	7	8	9	10	11	12	13	14	15	16	17	18
f 8	5	6	7	8	9	10	11	12	13	14	15	16	17
f 5.6	4	5	6	7	8	9	10	11	12	13	14	15	16
f 4	3	4	5	6	7	8	9	10	11	12	13	14	15
f 2.8	2	3	4	5	6	7	8	9	10	11	12	13	14
f 2	1	2	3	4	5	6	7	8	9	10	11	12	13
f 1.4	0	1	2	3	4	5	6	7	8	9	10	11	12
f 1	-1	0	1	2	3	4	5	6	7	8	9	10	11

Belichtungsprogramme

Wenn Sie den »Einsteigerstatus« überschritten haben, werden die sogenannten Belichtungsprogramme für Sie besser geeignet sein als die zuvor beschriebenen Motivprogramme.

Die vier Programme oberhalb der Vollautomatik werden als Belichtungsprogramme bezeichnet – der Pfeil kennzeichnet sie in der Abbildung rechts. Auf dem Monitor werden Veränderungen wie beispielsweise Programmshifting oder Belichtungskorrekturen angezeigt.

Programmautomatik

Die Programmautomatik, die mit einem *P* gekennzeichnet wird, ist zum Beispiel für schnelle Schnappschüsse gut geeignet. Sie führt in vielen Situationen zu einer optimalen Belichtung. Hier ermittelt die α6100 selbstständig die passende Belichtungszeit und Blende, um das Bild korrekt zu belichten.

Korrekturmöglichkeiten

Die von der α6100 vorgeschlagene Belichtung müssen Sie nicht zwingend übernehmen. Es gibt verschiedene Situationen, die eine andere Belichtung erfordern – ein Sonnenuntergang ist ein solches Beispiel. Hier ist oft eine schwache Unterbelichtung hilfreich.

Exkurs

Programmverschiebung

Die vorgeschlagene Blende-Verschlusszeit-Kombination kann jederzeit durch das sogenannte Shiften (die Programmverschiebung) verändert werden.

1 Drehen Sie das Einstell- oder Drehrad, um eine andere Kombination zu wählen.

2 Beobachten Sie auf dem Monitor, wann die gewünschte Kombination angezeigt wird. Ein *-Symbol rechts neben dem P symbolisiert die Programmverschiebung. Sie sehen dies links im unteren Bild.

Shiften beenden

Sie haben verschiedene Möglichkeiten, um eine vorgenommene Programmverschiebung wieder zu deaktivieren. Dabei ist es Ansichtssache, welche der Varianten Sie bevorzugen.

1 Drehen Sie beispielsweise das Einstellrad, bis das Sternchen neben dem P-Symbol auf dem Monitor wieder verschwindet.

2 Wird eine andere Belichtungssteuerung gewählt oder die Kamera aus- und wieder eingeschaltet, wird die Programmverschiebung ebenfalls deaktiviert. Nutzen Sie die Variante, die Ihnen am ehesten zusagt – ich wechsle meistens kurzfristig das Belichtungsprogramm. Das klappt am schnellsten.

Sie müssen dabei nicht unbedingt zu einer anderen Belichtungsautomatik greifen, um diesem Problem zu begegnen.

1 Drücken Sie das Einstellrad unten. Die Bilder können bis zu fünf Lichtwerte über- oder unterbelichtet werden – das ist eine sehr große Spanne.

2 Drehen Sie dann das Einstellrad nach links (oder drücken Sie es links), wenn das Bild unterbelichtet werden soll. Dies wird durch negative Werte symbolisiert. Die Einstellungen werden in 1/3-Korrekturstufen vorgenommen. So sind sehr nuancierte Korrekturen möglich.

3 Auf dem Monitor wird eine Korrekturskala eingeblendet. Sie sehen das nachfolgend. Durch eine Rechtsdrehung erzielen Sie eine Überbelichtung, die mit einem Pluszeichen vor dem Wert gekennzeichnet wird. Nach dem Bestätigen des Korrekturwertes mit der SET-Taste wird die Skala ausgeblendet – der eingestellte Korrekturwert kann aber unten in der Mitte auf dem Monitor abgelesen werden, dies habe ich im rechten Bild markiert.

Überprüfen

Die eingestellten Korrekturen können sofort am Monitor begutachtet werden. Das Monitorbild wird umgehend aktualisiert.

Belichtungsreihen

Eine andere Möglichkeit, die Belichtung zu variieren, haben Sie mit der Belichtungsreihe – auch Bracketing genannt. Hier werden mehrere Bilder mit unterschiedlicher Belichtung aufgenommen.

Beim Drücken des Auslösers werden dann mehrere Bilder mit einer veränderten Belichtung aufgenommen. Diese Variante ist sinnvoll, wenn Sie sehr unsicher sind, welche Belichtung geeignet ist. Die α6100 bietet viele verschiedene Optionen für Belichtungsreihen an. Sie erreichen die Funktionen, wenn Sie das Einstellrad links drücken.

1 Scrollen Sie nach unten, bis Sie die *BRK*-Option erreichen. Dabei werden zwei unterschiedliche Funktionen angeboten – eine mit dem Zusatz *C* und eine weitere, die sich *S* nennt. Sie sehen beide Funktionen nachfolgend.

2 Der Unterschied der beiden Funktionen ist folgender: Haben Sie eine der *C*-Varianten ausgewählt, drücken Sie den Auslöser und halten ihn so lange gedrückt, bis die eingestellte Bilderse-

Addition

Wird zusätzlich zur Belichtungsreihe eine Belichtungskorrektur eingestellt, werden die Werte übrigens addiert.

Abbruch

Achten Sie bei den BRK-C-Varianten darauf, den Auslöser so lange zu drücken, bis alle Fotos aufgenommen wurden. Ansonsten bricht die Kamera den Vorgang ab.

rie komplett aufgenommen wurde. Bei den S-Varianten müssen Sie dagegen den Auslöser so oft drücken, bis die Anzahl der Fotos der Bilderserie fertig aufgenommen ist – also drei- oder fünfmal.

3 Wird das Einstellrad rechts oder links gedrückt, navigieren Sie zwischen den verfügbaren Optionen der beiden Modi. So gibt es jeweils die folgenden Optionen: *0.3EV 3*, *0.3EV 5*, *0.5EV 3*, *0.5EV 5*, *0.7EV 3*, *0.7EV 5*, *1.0EV 3*, *2.0EV 3*, *3.0EV 3* und *3.0EV 5*. Die erste Zahl sagt dabei aus, um welchen Lichtwert sich die Bilder voneinander unterscheiden – *1.0EV* bedeutet also um einen Lichtwert. Die Zahl am Ende zeigt an, wie viele Bilder pro Serie aufgenommen werden – also drei oder fünf.

Zeitautomatik

Bei einer Belichtungsreihe ist übrigens die Zeitautomatik zu empfehlen, da die α6100 hier nur die eingestellte Belichtungszeit variiert. So bleibt die Schärfentiefe erhalten. Bei der Programm- oder Blendenautomatik werden dagegen sowohl die Belichtungszeit als auch die Blende verändert, sodass sich die Schärfentiefe unterscheiden kann.

4 Beim Aufzeichnen der Fotos wird zunächst die normal belichtete Variante gesichert und danach die abgedunkelte sowie die aufgehellte. Sie sehen dies unten von links nach rechts. Die Belichtung der drei Fotos wurde im Beispiel um einen Lichtwert variiert.

5 Am Ende der Liste finden Sie übrigens noch zwei weitere Optionen, um Belichtungsreihen zu erstellen. Für beide Optionen gibt es jeweils eine *Hi*- und ein *Lo*-Variante (High und Low – stark und schwach). Mit der Option *BRK WB* erstellen Sie zwei zusätzliche Bilder mit unterschiedlichen Weißabgleicheinstellungen.

Belichtung speichern

Sie haben noch eine ganz simple Möglichkeit, um einen bestimmten Blende-Verschlusszeit-Wert zu verwenden. Die vorgestellte Variante eignet sich gut, wenn im Motiv unterschiedlich helle Bereiche vorkommen.

Wenn Sie nämlich den Auslöser halb durchdrücken, passiert zweierlei: Nachdem der korrekte Fokus ermittelt wurde – was der grüne Schärfeindikator ganz links in der Fußzeile im Sucher und Monitor symbolisiert –, werden auch die ermittelten Belichtungswerte gesichert.

1 Um den Belichtungswert zu speichern, visieren Sie das Motiv an, das korrekt belichtet werden soll.

2 Halten Sie den Auslöser halb durchgedrückt und schwenken Sie die Kamera anschließend auf den endgültigen Bildausschnitt. Drücken Sie dann den Auslöser ganz durch, um das Bild aufzunehmen.

3 Eine weitere Möglichkeit besteht darin, dass Sie die AEL-Taste nutzen, die rechts im oberen Bild markiert ist.

4 Drücken Sie nun die Taste, wird die Belichtung so lange gespeichert, wie die Taste gedrückt gehalten bleibt. Ein Sternchen unten rechts auf dem Monitor zeigt die Belichtungsspeicherung an. Sie sehen dies im unteren Bild.

6 Die DRO-Reihe wird eingesetzt, um Bilder mit unterschiedlich stark aufgehellten Schattenbereichen zu erstellen. DRO steht für »im Dynamikbereich optimierte Bilder«. Die Funktion eignet sich gut, um bei Bildern mit hohen Kontrasten – beispielsweise Gegenlichtaufnahmen – die Bildqualität zu verbessern, indem der Dynamikumfang erweitert wird.

Blitzbelichtungskorrektur

Wenn Sie in den Belichtungsprogrammen den Blitz verwenden, kann eine Korrektur der Blitzleistung eingestellt werden.

1 Rufen Sie auf der achten Seite der Kameraeinstellungen die Funktion *Blitzkompens.* auf. Schneller ist es allerdings, wenn Sie die Funktion über den nachfolgend im rechten Bild aktivierten Eintrag im Menü der Funktionstaste aufrufen. So ersparen Sie sich den Umweg über das Menü.

2 Wenn die Blitzleistung erhöht werden soll, drücken Sie das Einstellrad rechts – oder links, wenn Sie die Blitzleistung drosseln wollen.

3 Die Blitzleistung lässt sich dabei in Drittelstufen von –3 LW bis +3 LW variieren. Dies können Sie nutzen, um zum Beispiel den Hintergrund mehr oder weniger stark zu betonen. Um die Reflexe, die beim Blitzen zwangsläufig entstehen, zu vermindern, lässt sich die Blitzleistung drosseln.

4 Wenn Sie den Blitz aufgeklappt haben, sehen Sie den eingestellten Korrekturwert am rechten Rand. Ich habe dies im rechten Bild markiert.

Entfernungen berücksichtigen

Um Bewegungsunschärfen zu eliminieren, müssen Sie auch stets die Entfernung zum Objekt berücksichtigen. Wenn Sie mit der Weitwinkeleinstellung aus wenigen Zentimetern Entfernung ein schaukelndes Kind fotografieren, ist die Verwacklungsgefahr – auch bei einer kurzen Belichtungszeit – sehr groß. Wird dagegen ein vorbeifahrender Zug mit der Teleeinstellung fotografiert, können auch etwas längere Belichtungszeiten zu verwacklungsfreien Ergebnissen führen, weil die Entfernung viel größer ist.

Blendenautomatik

Die Blendenautomatik ist immer dann hilfreich, wenn eine bestimmte Belichtungszeit verwendet werden soll. Dies ist beispielsweise bei der Sport- oder Tierfotografie wichtig, wenn Sie Bewegungsunschärfen verhindern wollen. Bei der Blendenautomatik geben Sie die gewünschte Verschlusszeit vor – die α6100 ermittelt die dazu passende Blendenöffnung selbstständig.

Die Blendenautomatik wird mit einem S gekennzeichnet. Sie sehen dies nachfolgend im linken Bild.

Wenn eine vollständig geöffnete Blende nicht ausreicht, um bei der vorgegebenen Verschlusszeit eine korrekte Belichtung zu erreichen, blinken der Blendenwert und die ±-Korrektur. Stellen Sie dann eine andere Belichtungszeit ein.

Hinweis

Im unteren Bereich wird angezeigt, welche Bedienelemente Sie zum Einstellen nutzen können. Sie sehen im Bild links, dass das Einstell- oder Drehrad eingesetzt werden kann, um die gewünschte Verschlusszeit zu verändern.

Blendenautomatik anwenden

Wurde die Blendenautomatik ausgewählt, wird die gewünschte Belichtungszeit mit dem Einstell- oder Drehrad eingestellt. Sie können dabei einen Wert zwischen 30 Sek. und $1/4000$ Sek. einstellen. Auf dem Monitor wird die auf der nächsten Seite abgebildete Ansicht angezeigt, während Sie die Verschlusszeit

🚩 **Rennsport.** *Um schnelle Bewegungen einzufangen, ist die Blendenautomatik die beste Wahl.*

210 mm | ISO 100 | $1/640$ Sek. | f 7.1

einstellen. Die extrem kurze Belichtungszeit ist beispielsweise sinnvoll, um Bewegungen »einzufrieren« – wie bei der Abbildung auf der vorherigen Seite. Natürlich muss dabei entsprechend viel Licht vorhanden sein oder ein höherer ISO-Wert eingestellt werden.

Im Gegensatz dazu lässt sich beispielsweise Wasser schön fließend darstellen, wenn Sie längere Belichtungszeiten – etwa 1/30 Sek. – vorgeben. Dabei muss man die Verwacklungsgefahr beachten. Verwenden Sie gegebenenfalls ein Stativ.

Zeitautomatik

⬇ Blüten. *Öffnen Sie die Blende möglichst weit, um das Objekt vom Hintergrund zu trennen.*

180 mm | ISO 100 | 1/640 Sek. | f 6.3

Bei engagierten Fotografen kommt in vielen Fällen die Zeitautomatik zum Einsatz, bei der die gewünschte Blende eingestellt wird. Die α6100 stellt die dazu passende Belichtungszeit automatisch ein.

Diese Belichtungsautomatik ist bei der kreativen Fotografie wichtig, da Sie die Schärfentiefe genau steuern können. Die Zeitautomatik wird mit einem *A* gekennzeichnet.

Wenn Sie mit der längstmöglichen Belichtungszeit kein korrekt belichtetes Foto erreichen, blinken auf dem Monitor die Belichtungszeit und die ±-Korrektur.

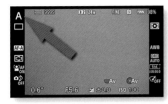 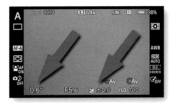

Öffnen Sie dann die Blende oder erhöhen Sie den ISO-Wert. Alternativ kann das Blitzgerät verwendet werden, um ausreichend Licht zur Verfügung zu haben.

Droht eine Überbelichtung, muss die Blende weiter geschlossen werden (höherer Blendenwert). Alternativ dazu können Sie auch einen optional erhältlichen Graufilter verwenden – damit wird die Belichtungszeit reduziert. Dieser Fall wird aber eher selten eintreten.

Anwendung der Zeitautomatik

Nach der Auswahl der Zeitautomatik wird die gewünschte Blende mit dem Einstell- oder Drehrad eingestellt. Sie sehen dann die rechts unten abgebildete Ansicht.

1 Um Motive vom Hintergrund freizustellen – wie beim Beispielbild auf der vorherigen Seite –, sollten Sie einen möglichst niedrigen Blendenwert einstellen (offene Blende). Je höher der Blendenwert ist, umso größer wird die Schärfentiefe.

2 In Abhängigkeit von der verwendeten Brennweite und dem Abstand zum Objekt ändert sich der scharf abgebildete Bereich deutlich. Während beim Einsatz eines Weitwinkelobjektivs ein großer Schärfentiefebereich entsteht, ist er beim Einsatz von Teleobjektiven deutlich geringer.

3 Bestätigen Sie die ausgewählte Blendeneinstellung durch Drücken der SET-Taste. Dies ist allerdings nicht zwingend notwendig. Wenn Sie nach der Auswahl einer Blende einen Moment warten, wird dieser Blendenwert automatisch übernommen.

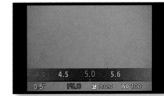

Manuell

Die manuelle Einstellung von Verschlusszeit und Blende wird nur für einige Spezialaufgaben benötigt. So könnten Tabletop-Aufnahmen ein mögliches Einsatzgebiet sein. Auch wenn Sie beim Einsatz eines Blitzgerätes ganz bestimmte Einstellungen verwenden wollen, kann die manuelle Option nützlich sein. Ein weiteres Beispiel sind Langzeitaufnahmen mit mehr als 30 Sek. Belichtungszeit.

Die Anwendung

Die Einstellungen beim Einsatz des manuellen Modus werden mit dem Einstell- und Drehrad vorgenommen, wobei das Einstellrad zum Anpassen der Belichtungszeit und das Drehrad zum Einstellen der Blende dient. Das erkennen Sie auch an den Symbolen am unteren rechten Rand des Monitors.

▣ Feuerwerk. *Beim Fotografieren von Feuerwerk bietet sich der manuelle Modus an.*

27 mm | ISO 100 | 30 Sek. | f 16

Ein gesonderter Balken zeigt die verfügbaren Werte an. Der jeweils aktuelle Wert wird dann orangefarben dargestellt. Sie sehen in der linken Abbildung auf der nächsten Seite die hervorgehobene Belichtungszeit und rechts den Blendenwert.

1 Die Belichtungszeiten können von 30 Sek. bis 1/4000 Sek. eingestellt werden. Drehen Sie das Einstellrad, um die Werte auszuwählen. Sie sehen dann die zuvor links abgebildete Skala mit den Belichtungswerten.

2 Wenn Sie nach dem längsten Wert weiter nach links scrollen, gelangen Sie zur BULB-Einstellung. Diese können Sie einsetzen, wenn Sie längere Belichtungszeiten als 30 Sek. benötigen. Das Bild wird dabei so lange belichtet, wie Sie den Auslöser gedrückt halten.

Beim Stativeinsatz
Um Verwacklungen zu vermeiden, ist es empfehlenswert, einen Fernauslöser zu verwenden, wenn Sie mit langen Belichtungszeiten arbeiten.

3 Wollen Sie übrigens die Belichtungszeit und Blende gleichzeitig verstellen, können Sie die AEL-Taste drücken und dabei das Einstell- oder Drehrad drehen. Sie sehen dann die nachfolgend rechts gezeigte Darstellung. Durch Drehen der Räder erhöhen oder reduzieren Sie dann die Blende und Belichtungszeit jeweils um einen Wert.

4 Drehen Sie das Drehrad, um den Blendenwert einzustellen. Während des Drehens des Drehrads sehen Sie die oben auf dieser Seite im rechten Bild gezeigte Skala am unteren Rand.

Höchstwert
Die Abweichung wird nur bis maximal ±2 LW angezeigt. Bei höheren Werten blinkt die M.M.-Anzeige.

5 Während Sie die Einstellungen vornehmen, wird anstelle der ±-Korrektur das Feld *M.M.* eingeblendet, was für manuelle Messung steht. Hier können Sie ablesen, um welchen Lichtwert sich Ihre Einstellungen von der Blende-Zeit-Kombination unterscheiden, die die α6100 automatisch ermittelt hat. Bei der Anzeige *±0.0* wird das Foto korrekt belichtet.

Optimale Menüeinstellungen

Im Menü finden Sie einige Optionen, die sich auf die Belichtung konzentrieren.

Belichtungskorrektur über das Menü

Sie haben bereits die Möglichkeit kennengelernt, durch Drücken der unteren Taste des Einstellrads die Belichtung korrigieren zu können. Alternativ zu dieser Variante können Sie auch die Funktion *Belichtungskorr.* auf der siebten Seite der Kameraeinstellungen aufrufen. Die Blitzbelichtungskorrektur, die Sie auch über das Menü der Funktionstaste einstellen können, finden Sie auf der achten Seite im Menü der Kameraeinstellungen.

Belichtungsstufen anpassen

Standardmäßig ist die α6100 so eingestellt, dass Sie Blende und Verschlusszeit in Drittelwerten anpassen können. Das ist heutzutage so üblich. Zu analogen Zeiten waren dagegen halbe Schritte viel weiter verbreitet. Wenn Ihnen diese Variante lieber ist, weil Sie sich vielleicht daran gewöhnt haben, können Sie die Funktion *Belicht.stufe* auf der siebten Seite der Kameraeinstellungen aufrufen und die Option *0,5 EV* einstellen.

An den beiden nächsten Bildern auf der gegenüberliegenden Seite erkennen Sie die Auswirkungen der beiden Optionen. Links sehen Sie die Option der halben Stufen. Zwischen den beiden ganzen Blendenstufen 8 und 11 gibt es nur die Blendenstufe 9.5. Bei der Drittelstufenoption gibt es dagegen 9 und 10.

Rauschminderung bei hohen ISO-Werten

Bei Langzeitbelichtungen sollten Sie im Kameraeinstellungen-Menü auf der zweiten Seite die Option *Langzeit-RM* (RM steht für Rauschminderung) überprüfen. Sie sehen diese Funktion unten im linken Bild.

Aktivieren Sie hier die Option *Ein*. Damit wird das eventuell auftretende Bildrauschen ab einer Sekunde Belichtungszeit oder länger bereits in der Kamera reduziert. Die Option ist empfehlenswert, weil die so entstehenden Ergebnisse wirklich gut sind. Sie müssen dabei allerdings beachten, dass die kcamerainterne Verarbeitung einen Moment dauert. Daher sind Sie nicht sofort wieder aufnahmebereit.

Bei der Funktion *Hohe ISO-RM*, die Sie unten im mittleren Bild sehen, gibt es zwei Stärkegrade – Sie sehen dies nachfolgend rechts. Im Regelfall ist die *Normal*-Einstellung eine gute Wahl. Die Rauschminderung greift bei aktivierter Option, wenn Sie mit hohen ISO-Werten arbeiten. Auch diese Funktion benötigt ein wenig Rechenzeit, sodass Sie nicht sofort wieder aufnahmebereit sind.

Belichtungseinstellungen-Anleitung

Bei den bisherigen Abbildungen sahen Sie stets einen zweiten Balken über der Fußzeile, wenn Einstellungen verändert wurden – wie beispielsweise in den beiden Bildern ganz oben. Falls Sie diese Zeile stört – etwa weil sie Teile des Bildes verdeckt –, können Sie sie mit der Funktion *Belich.einst.-Anleit.* auf der sechsten Seite der Benutzereinstellungen ausblenden.

Belichtungsreihen im Selbstauslöser-Modus

Fotografieren Sie viele Belichtungsreihen, finden Sie im Untermenü der Funktion *Belicht.reiheEinstlg.* zwei interessante Optionen. Sie finden diese Funktion auf der dritten Seite der Kameraeinstellungen – Sie sehen dies nachfolgend im linken Bild. Wenn Sie die Funktion aufrufen, finden Sie die beiden rechts abgebildeten Optionen im Untermenü.

Im Untermenü der Option *Selbst. whrd. Reihe* wählen Sie aus, ob Sie den Selbstauslöser bei Belichtungsreihen verwenden wollen. Im links gezeigten Menü wird mit den Optionen am linken Rand die Zeitspanne festgelegt, nach der die Auslösung starten soll. Dabei haben Sie zwei, fünf und zehn Sekunden Vorlaufzeit zur Auswahl.

Mit der rechts gezeigten *Reihenfolge*-Option bestimmen Sie, ob die Sortierung der Fotos entgegen der Vorgabe von dunkel nach hell aufgenommen werden soll.

Live-Ansicht

Wenn Sie Belichtungskorrekturen vornehmen oder mit den Bildeffekten fotografieren, sehen Sie standardmäßig die Auswirkungen umgehend auf dem Monitor, wobei man anmerken muss, dass die Anzeige nicht zu 100 % stimmt – aber annähernd. Einen Grund, diese Standardvorgabe zu ändern, gibt es eigentlich nicht. Sie können aber die Funktion *Anzeige Live-View* auf der sechsten Seite der Benutzereinstellungen zum Ausschalten der Änderungsansicht nutzen.

AEL mit Auslöser

Auf Seite 55 hatte ich Ihnen geschildert, wie Sie das Speichern der Belichtungswerte einsetzen können, wenn der Auslöser halb durchgedrückt wird. Diese Standardvorgabe können Sie deaktivieren, auch wenn das nicht zu empfehlen ist. Die Möglichkeit ist nämlich sehr praktisch. Zum Anpassen dient die Funktion *AEL mit Auslöser* auf der siebten Seite der Kameraeinstellungen.

Bei der *Auto*-Option wird die Belichtung nach erfolgter Scharfstellung gespeichert, wenn Sie als Fokusmodus den Einzelbild-AF eingestellt haben und den Auslöser halb durchdrücken. Bei *Ein* wird die Belichtung gespeichert, wenn Sie den Auslöser halb durchdrücken.

Belichtungskorrektureinstellung

Wenn Sie eine Belichtungskorrektur vornehmen und den Blitz zugeschaltet haben, ist die Funktion *Bel.korr einst.* auf der achten Seite der Kameraeinstellungen interessant. Damit legen Sie fest, ob auch die Blitzlichtmenge korrigiert werden soll. Diese Standardvorgabe ist sinnvoll.

Drehräder vertauschen

Wenn Sie im manuellen Belichtungsmodus fotografieren, wird standardmäßig das Drehrad genutzt, um die Blende einzustellen. Das Einstellrad wird zum Festlegen der Verschlusszeit verwendet. Mit der Funktion *Regler/Rad-Konfig.* auf der achten Seite der Benutzereinstellungen können Sie diese Funktionalität vertauschen. Es ist reine Ansichtssache, welche Vorgehensweise Ihnen mehr zusagt. Probieren Sie einfach einmal beide Varianten aus.

Drehräder für Korrekturen nutzen

Viele Funktionen widmen sich der Belichtungskorrektur, da diese in der Praxis in einigen Situationen benötigt wird. So können Sie die Funktion *Regler/Rad Ev-Korr.* nutzen, um festzulegen, dass Belichtungskorrekturen auch mit dem Einstell- oder Drehrad vorgenommen werden können.

Belichtungsmessung

Die Sony α6100 bietet drei verschiedene Messmethoden an, um die korrekte Kombination aus Verschlusszeit und Blende zu ermitteln. Die Einstellungen werden im Menü auf der fünften Seite der Kameraeinstellungen mit der Funktion *Messmodus* vorgenommen.

Standardvorgabe

Die Multimessung ist die Standardvorgabe bei den beiden Vollautomatiken und den Motivprogrammen.

Die Multimessung

Standardmäßig ist die Multimessung eingestellt. Damit werden Sie in den allermeisten Fällen ausgezeichnete Ergebnisse erzielen. Nur bei ganz speziellen Lichtverhältnissen benötigen Sie die beiden anderen Verfahren.

Bei der Multimessung werden Informationen aus allen Bildbereichen berücksichtigt. Das Bild wird dabei in unterschiedliche Felder aufgeteilt. Diese Messmethode arbeitet sehr präzise, da bei der Analyse auch auf die Daten einer integrierten Bilddatenbank zurückgegriffen wird. In der Datenbank sind zahlreiche Motive aus alltäglichen Aufnahmesituationen enthalten. So erzielen Sie oft sogar bei Motiven, die große helle oder dunkle Bereiche enthalten, ausgewogene Ergebnisse. Eine Aufnahme im Schnee oder auch Sonnenuntergänge sind solche Beispiele.

Mittenbetonte Messung

Bei der mittenbetonten Messung misst die α6100 die Belichtung im gesamten Bild – allerdings wird der Messschwerpunkt auf einen größeren zentralen Bereich gelegt. Die mittenbetonte Belichtungsmessung ist geeignet, wenn ein helles oder dunkles Objekt das Bild dominiert und die Multimessung nicht zu einem optimalen Ergebnis führt.

Spotmessung

Bei der Spotmessung erfolgt die Belichtung innerhalb eines sehr kleinen Kreises in der Bildmitte. Sie erkennen diesen Modus an dem einzelnen Punkt in der Mitte des Symbols. Die Spotmessung ist sinnvoll, wenn die Belichtung für ein besonders helles oder dunkles Motiv gemessen werden soll. In der Praxis werden Sie aber vermutlich eher selten auf diesen Modus zurückgreifen.

◨ **Wasserfontänen.**
Die Multimessung liefert brillante Ergebnisse.

16 mm | ISO 100 | 1/250 Sek. | f 8

Varianten

Es eignen sich nicht nur Sonnenauf- oder -untergänge für stimmungsvolle Aufnahmen. Auch schöne Wolkenformationen bei nebligem Wetter können interessante Bilder ergeben.

◘ **Sonnenunter-gang.** *Korrigieren Sie bei solchen Aufnahmen gegebenenfalls die Belichtung.*

100 mm | ISO 100 | 1/640 Sek. | f 11 | –1 EV

Stimmungsaufnahmen

Einige bezeichnen Aufnahmen von Sonnenuntergängen als »Kitsch«. Dennoch sind viele Fotografen begeistert von diesem Genre – besonders die Einsteiger in die Fotografie. Man möchte gerne die in natura gesehenen überwältigenden Eindrücke – beispielsweise bei Sonnenauf- oder -untergängen – auf den Sensor bannen. Wie auch bei Landschaftsaufnahmen gilt bei Stimmungsaufnahmen, dass man unter Umständen die Situation in natura ganz anders wahrnimmt, als sie auf dem fertigen Foto erscheint. Bei Sonnenuntergängen ist in vielen Fällen eine falsche Belichtung oder eine ungeeignete Weißabgleicheinstellung schuld daran. Da der automatische Weißabgleich heutzutage – auch bei schwierigen Lichtverhältnissen – sehr zuverlässig arbeitet, ist oft eine unpassende Belichtung der »Hauptverdächtige« bei weniger guten Ergebnissen. Der Grund ist erklärbar: Die Belichtungsmesssysteme aller Kameramodelle und -systeme sind auf einen mittleren Grauton kalibriert, da dieser Wert die durchschnittliche Lichtreflexion wiedergibt. Der durchschnittliche Grauton reflektiert 18 Prozent des auftreffenden Lichts. Da es bei Situationen von Sonnenuntergängen keine »durchschnitt-

liche« Lichtreflexion gibt, sind oft Belichtungskorrekturen nötig. Hier hilft meist eine Belichtungskorrektur von −1 EV.

Bei Stimmungsaufnahmen haben Sie zwei Möglichkeiten. Sie können die Weitwinkeleinstellung nutzen, um einen Überblick über die Gesamtszene einzufangen. Alternativ dazu bieten sich aber auch Detailaufnahmen an, wie es das Beispielbild unten zeigt. Zoomen Sie dazu in die Szene hinein. Schöne Motive für den Vordergrund finden sich überall – egal, ob es sich um Zweige oder Gebäude handelt. Damit solche Bilder wirken, sollte das Objekt im Vordergrund als Silhouette erscheinen. Hier hilft in den meisten Fällen ebenfalls eine Unterbelichtung des Bildes. Etwa −1 EV ist dabei meist ein geeigneter Wert.

Programm	Zoom	ISO	Blende	Verschlussz.
Zeitautomatik	egal	niedrig	weit zu	recht kurz

Stimmungsaufnahmen mit der Sony α6100

Einschränkungen gibt es beim Fotografieren von Stimmungsaufnahmen mit der α6100 nicht, wenn Sie auf die korrekte Belichtung und Weißabgleicheinstellung achten. Da Sie die Objektive wechseln können, können Sie mit einem Teleobjektiv bei Detailaufnahmen auch mehr Abstand zum Motiv halten.

⬆ **Detail.** *Gehen Sie näher an das Motiv heran, um Details aufnehmen zu können.*

210 mm | ISO 100 | 1/800 Sek. | f 7.1 | −1 EV

3 Die Möglichkeiten des Autofokus

Die Fokusmessfelder der α6100 decken einen großen Teil des Bildes ab. Die α6100 stellt zahlreiche Funktionen zur Verfügung, um die Art der Fokussierung einzustellen. Was die Kamera alles zu bieten hat, erfahren Sie in diesem Kapitel.

Die Technik

Im Gegensatz zu digitalen Spiegelreflexkameras arbeiten Kompaktkameras meist mit einer anderen Autofokusmesstechnik, nämlich der sogenannten Kontrastmessung (siehe Exkurs auf der nächsten Seite). Das gilt auch für viele Systemkameras. Das bringt es mit sich, dass man nicht ganz so schnell und komfortabel fokussieren kann wie mit einer digitalen Spiegelreflexkamera.

Bestimmte fotografische Themenbereiche – wie etwa Sportaufnahmen – sind daher schwieriger umzusetzen. Der Vorteil der Kontrastmessung besteht darin, dass man praktisch frei über den gesamten Bildbereich scharf stellen kann.

Der Hybridautofokus der α6100 kombiniert beide Messmethoden. In den Sensor sind 425 Phasenvergleichssensoren eingebaut. Dank dieser innovativen Technik funktioniert die α6100 recht schnell und zuverlässig.

Die α6100 bietet eine ganze Menge Funktionen, um das Bild korrekt scharf zu stellen. Dabei dürfen auch Funktionen wie die Gesichtserkennung nicht fehlen. Solche Modi gehören zum Standard anspruchsvoller Systemkameras. Aber auch so nützliche Funktionen wie ein permanenter Autofokus fehlen nicht.

Der Autofokus der α6100 arbeitet gut und zügig. Bei allen gängigen Situationen kann er überzeugen, wenn auch hier und da mehrere Versuche notwendig sind, ehe das Objekt korrekt fokussiert wird.

Den Autofokusmodus wählen

Wenn Sie die Funktionstaste drücken, erreichen Sie über die links markierte Funktion fünf Fokusmodi für unterschiedliche Aufgabenstellungen. Die Auswahl kann auch durch Drehen des Einstellrads erfolgen. Bestätigen Sie dann die Auswahl durch Drücken der SET-Taste oder tippen Sie den Auslöser an.

Kontrastmessung

Bei der Kontrastmessung ist die Vorgehensweise etwas anders als bei Spiegelreflexkameras. Hier wird die Bildweite des Objektivs verändert, bis der maximale Kontrast erreicht ist. Da dabei mehrere Bildbereiche untersucht werden, dauert dieses Verfahren länger. Hinzu kommt, dass dafür einige Rechenleistung erforderlich ist, was ebenfalls zu Verzögerungen führt.

Man kann diese Art der Fokussierung auch wie folgt beschreiben: Die Kamera »weiß« natürlich nicht, wie weit ein Objekt entfernt oder wann es scharf abgebildet ist. Die Kamera sucht im Bild nach Kontrasten. Werden senkrechte oder schräge Linien im Bild gefunden, wird der Fokus so eingestellt, dass die Linien möglichst kontrastreich – also scharfkantig – abgebildet werden. Durch diese Fokussierung auf den höchsten Kontrast der Linien wird gleichzeitig die korrekte Schärfe ermittelt. Man könnte sagen, dass der Autofokus die Linien »zur Deckung« bringt. Die Kontrastmessung bietet aber den Vorteil, dass der Fokus frei an praktisch jeder Stelle im Bild gemessen werden kann, weil es ja keine gesonderten Autofokussensoren gibt.

Exkurs

Wenn Sie das Einstellrad zum Einstellen nutzen, sehen Sie die nachfolgend links abgebildete Variante. Meist ist dies die schnellste Möglichkeit.

Haben Sie die Option mit der SET-Taste aufgerufen, wird dagegen die in der Mitte abgebildete Variante angezeigt. Drücken Sie das Einstellrad zur Navigation oben oder unten. In diesem Menü müssen Sie ebenfalls die SET-Taste zur Bestätigung verwenden.

Damit wechseln Sie in den Aufnahmemodus. Der aktuelle Autofokusmodus wird links auf dem Monitor angezeigt. Dies habe ich im rechten Bild markiert.

Menü

Alternativ zu den beiden vorgestellten Varianten können Sie den Fokusmodus auch mit der gleichnamigen Funktion auf der fünften Seite der Kameraeinstellungen im Menü festlegen.

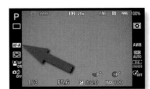

Einzelbild-Autofokus

Die erste Option ist der *Einzelbild-AF (AF-S)*. Dieser Modus eignet sich am besten, wenn Sie statische Objekte fotografieren.

Exkurs

Was ist Schärfe?

Grundsätzlich bezeichnet man die Unterscheidbarkeit von Details im Foto als Schärfe. Je mehr Details zu erkennen sind, umso schärfer erscheint das Bild. Neben der Schärfe, die physikalisch vorhanden ist, gibt es zusätzlich die Schärfe, die nur dem Anschein nach vorhanden ist – dies bezeichnet man als Schärfeeindruck. So wirken zum Beispiel kontrastreichere Bilder schärfer als kontrastarme Bilder – ganz unabhängig davon, welches Foto physikalisch gesehen schärfer ist.

So spielt in der täglichen Praxis die wirkliche Schärfe eines Bildes nur eine sehr untergeordnete Rolle. Der Schärfeeindruck ist das, wovon sich die Anwender leiten lassen, wenn es um die Beurteilung eines Fotos geht.

Schon seit jeher hat man versucht, den Schärfeeindruck von Bildern zu erhöhen. So wurden zu analogen Zeiten in den Fotolaboren verschiedene Techniken angewendet, um die Bilder zu optimieren. Eine der damaligen Möglichkeiten hat sich sogar in das digitale Zeitalter gerettet. Die heute aus Bildbearbeitungsprogrammen bekannte Funktion *Unscharf maskieren* wurde nämlich schon zu analogen Zeiten verwendet. Dabei wird die Schärfe dadurch verbessert, dass der Kontrast nur an den Kanten im Bild verstärkt wird.

Um zu messen, wie gut ein optisches Gerät die Details wiedergeben kann, werden Hilfsmittel verwendet, wie zum Beispiel der unten gezeigte sogenannte Siemensstern. Der Siemensstern kann beispielsweise für einen Auflösungstest abfotografiert werden. Bei diesem Testmuster verlaufen abwechselnd schwarze und weiße Dreiecke zum Mittelpunkt des Kreises. Jedes bildverarbeitende Gerät kann in Richtung Mittelpunkt die zusammenlaufenden Linien nur bis zu einem gewissen Grad voneinander trennen. Man spricht dabei vom Auflösungsvermögen des Gerätes.

Je weiter innen die Linien noch voneinander getrennt werden können, umso größer ist das Auflösungsvermögen des Gerätes (auch die Auflösung von Druckern oder Scannern lässt sich übrigens so testen).

Auflösung

Beim Betrachten von Fotos am Computermonitor ist das Thema Auflösung unwichtig. Nur bei starkem Hineinzoomen in das Bild sind die einzelnen Bildpunkte erkennbar. Drucken Sie Ihre Fotos aber aus, muss beachtet werden, dass genügend Pixel auf einer bestimmten Strecke vorhanden sind – sonst wirkt das Bild pixelig. Die Auflösung ist dann zu gering. Ein gängiger Standardwert sind 300 dpi. Dies bedeutet, dass 300 Dots (Punkte) pro Inch (2,54 Zentimeter) abgebildet werden. Dieses Maß bestimmt die Auflösung.

Drücken Sie den Auslöser halb durch. Die α6100 misst dann den Fokus und speichert ihn, wenn das Fokussieren erfolgreich abgeschlossen ist.

Der Schärfeindikator – der im folgenden linken Bild links in der Fußzeile markiert ist – leuchtet dann grün auf. Außerdem werden die zum Scharfstellen verwendeten Fokusmessfelder standardmäßig mit einer grünen Markierung angezeigt. Je nach eingestellter Messart können dies ein oder mehrere Messfelder sein – wie im rechten Bild, in dem sechs Felder genutzt wurden. Hier wurde als Fokusfeld die Option *Breit* aktiviert.

Nachführ-Autofokus

Der zweite Modus nennt sich *Nachführ-AF (AF-C)*. Dabei wird der Fokus kontinuierlich angepasst, wenn Sie den Auslöser halb durchgedrückt halten. Wurde im Menü auf der fünften Seite der Kameraeinstellungen die Gesichts-/Augenerkennung aktiviert,

⬇ Fassadendetail.
Bei statischen Motiven bietet sich der Einzel-bild-Autofokus an.

50 mm | ISO 100 |
1/320 Sek. | f 9

wird auf die erkannten Gesichter/Augen fokussiert. Das grüne Symbol des Schärfeindikators sieht ein klein wenig anders aus – Sie sehen dies im Bild rechts. Wenn der Schärfeindikator blinkt, ist dies ein Zeichen dafür, dass die α6100 nicht fokussieren kann – beispielsweise, weil der Kontrast im Bild zu schwach ist. Dieser Modus eignet sich immer dann, wenn sich das zu fotografierende Objekt bewegt. Die Sport- und Action-Fotografie sind beispielsweise solche Themenbereiche.

Nachführ-AF.
Beim AF-C-Modus wird die Schärfe kontinuierlich nachgeführt. Bei diesem Bild handelt es sich übrigens um einen Bildausschnitt (etwa 40 %) des Originalfotos.

210 mm | ISO 100 | 1/800 Sek. | f 9

Automatischer Modus

Die Option *AF-A* ist eine Kombination der Modi *AF-S* und *AF-C*. Die Kamera verwendet bei statischen Motiven den *AF-S*-Modus. Setzt sich das anvisierte Motiv in Bewegung, wird automatisch zum Modus *AF-C* gewechselt. Durch die Flexibilität ist dieser Modus eine gute Wahl. Er ist auch standardmäßig voreingestellt.

Autofokusmöglichkeiten

In den Modi *AF-S* und *AF-C* fokussiert die α6100 in einem Abstand von wenigen Zentimetern bis Unendlich. Sie müssen dabei aber den Mindestabstand des Objektivs zum Motiv einhalten. Beim Fokussieren mit der Option *Breit* wird der Fokus bei dem Objekt gemessen, das sich am nächsten zur Kamera befindet. Befinden sich mehrere Objekte im scharf gestellten Bereich, leuchten die Markierungsrahmen mehrerer Messbereiche auf.

Direkte manuelle Fokussierung

Die beiden letzten Optionen beziehen sich auf manuelles Scharfstellen. Der erste der beiden Modi nennt sich »Direkte manuelle Fokussierung« (DMF). Dabei werden das automatische und das manuelle Fokussieren kombiniert.

1 Drücken Sie nach der Auswahl dieses Modus den Auslöser halb durch, damit die α6100 automatisch fokussiert.

2 Halten Sie den Auslöser halb gedrückt und drehen Sie den Fokussierring am Objektiv, um die Schärfe nachzujustieren. Wird der Fokussierring nach rechts gedreht, wird auf eine nähere Entfernung fokussiert – drehen Sie ihn nach links, dagegen auf eine weitere Distanz. Unten wird eine Skala eingeblendet, die ungefähr die aktuell eingestellte Entfernung anzeigt. Ich habe sie im rechten Bild markiert.

3 Drücken Sie abschließend den Auslöser ganz durch, um das Foto aufzunehmen.

Manuell fokussieren

Die letzte Option im *Fokusmodus*-Menü benötigen Sie, wenn Sie komplett manuell fokussieren wollen. Die α6100 stellt Ihnen dabei verschiedene Hilfsmittel zur Verfügung. Man muss aber erwähnen, dass die α6100 so gut fokussiert, dass Sie im Normalfall nur sehr selten in die Verlegenheit kommen werden, manuell fokussieren zu müssen.

1 Nach dem Aufruf der *MF*-Option (für manuelle Fokussierung) und Drehen des Steuerrings am Objektiv zeigt die α6100 eine starke Vergrößerung des Bildes an, die beim Scharfstellen helfen soll.

2 Dabei wird zunächst das Bildzentrum vergrößert. Drücken Sie das Einstellrad, um zu der Stelle zu navigieren, die aussagekräftig für das Fokussieren ist. Im Beispiel habe ich bei der Abbildung rechts die vordere Kante des Autos eingestellt. Der orangefarbene Rahmen im Feld unten links signalisiert, wo sich der aktuell ausgewählte Bereich innerhalb des Gesamtbildes befindet. Sie sehen dies in der nachfolgenden rechten Abbildung.

3 Um den vergrößerten Bereich von 5,9-fach auf 11,7-fach zu vergrößern, drücken Sie die SET-Taste. So lässt sich das Motiv ganz präzise scharf stellen.

4 Sobald Sie den Auslöser antippen, verschwindet die vergrößerte Darstellung wieder und Sie können das Foto anschließend aufnehmen.

Hilfe beim manuellen Fokussieren

Im Menü finden Sie verschiedene Optionen, die beim manuellen Fokussieren hilfreich sind. Ist eine der beiden manuellen Fokusoptionen aktiviert, wird im Menü der Kameraeinstellungen auf der zehnten Seite die Funktion *Fokusvergröß* verfügbar.

Nach dem Aufruf finden Sie die auf der nächsten Seite rechts abgebildete Situation vor. Sie können nun mit der SET-Taste in das Bild hineinzoomen und mit dem Einstellrad navigieren.

Fokusvergrößerung

Die Menüfunktion *Fokusvergröß* ist eigentlich »doppelt gemoppelt«, weil Sie damit genau dieselben Aufgaben erledigen können, wie sie bereits zuvor beschrieben wurden.

MF-Unterstützung

Standardmäßig wird beim manuellen Fokussieren automatisch ein vergrößerter Bildausschnitt zur Erleichterung des Scharfstellens angezeigt. Wenn Sie dies stören sollte, können Sie die Funktion *MF-Unterstützung* auf der zehnten Seite der Kameraeinstellungen deaktivieren.

Fokusvergrößerungszeit

Mit der Funktion *Fokusvergröß.zeit* stellen Sie die Dauer ein, für die die vergrößerte Ansicht angezeigt wird. Da zwei Sekunden in der Praxis meist zu kurz sind, bietet es sich an, eine der beiden anderen Optionen einzustellen. Da Sie die Vergrößerung durch ein kurzes Antippen des Auslösers jederzeit abbrechen können, ist die Option *Unbegrenzt* durchaus eine Empfehlung wert.

Kantenanhebung aktivieren

Ein weiteres nützliches Hilfsmittel ist die sogenannte Kantenanhebung. Beim Fokussieren will man ja erreichen, dass die Konturen (Kanten) im Bild scharf abgebildet werden. Erreicht man bei den Konturen den höchstmöglichen Kontrast, erscheint das Bild scharf.

Falls Sie sich schwertun, die Konturen im Bild zu erkennen, aktivieren Sie im Untermenü der Funktion *Kantenanh.-Einstlg* auf der zehnten Seite der Kameraeinstellungen die Option *Kantenanheb.anz.* – Sie sehen sie auf der nächsten Seite links.

Kontrast

Als Kontrast bezeichnet man den Unterschied zwischen den hellen und dunklen Teilen des Bildes.

Fokus-Peaking

Das Hervorheben von Konturen nennt man auch »Fokus-Peaking« (aus dem Englischen – peaking = überspitzen).

Die zweite Option im Untermenü benötigen Sie, um festzulegen, wie fein die Konturen sein müssen, um hervorgehoben zu werden. Je höher der Wert, umso mehr Konturen werden angezeigt. Ich bevorzuge meistens die mittlere Stufe, die einen guten Kompromiss bildet.

Die hervorgehobenen Konturen sind nur bei den manuellen Fokussieroptionen zu sehen. Sie finden nachfolgend links ein Beispiel. Dort sind die Kanten gut erkennbar.

Bei den beiden anderen Bildern habe ich die 5,9-fach-Vergrößerung eingestellt – hier kann man die Wirkungsweise besonders gut erkennen.

Beim mittleren Bild ist der Schriftzug noch nicht ganz scharf – daher gibt es weniger rote Hervorhebungen als beim rechten Bild. Unter dem Bild sehen Sie die Skala mit der Entfernungseinstellung.

Mit der Option *Kantenanheb.farbe* haben Sie neben *Weiß* auch *Rot*, *Gelb* und *Blau* als Hervorhebungsfarbe zur Auswahl. Sie sehen diese Optionen ganz oben im rechten Bild. Nutzen Sie eine Farbe, die nicht im Bild vorkommt.

Fokusmessfelder einstellen

Wenn Sie nicht mit den beiden Vollautomatiken oder bestimmten Motivprogrammen fotografieren, können Sie das Autofokusmessfeld selbst festlegen. Zum Aufrufen müssen Sie die Funktionstaste drücken – im Bild links wurde die dazu nötige *Fokusfeld*-Option ausgewählt.

Wenn Sie die SET-Taste drücken, finden Sie im Menü sechs verschiedene Möglichkeiten, wobei die letzte Variante nur verfügbar ist, wenn Sie beim *Fokusmodus* die Option *AF-C* aktiviert haben. Wollen Sie auf die Auswahl der Option im Menü verzichten, können Sie – wie bei den anderen Funktionen auch – nach dem Aufruf der Funktion auch das Einstellrad drehen, um dann die Auswahl vorzunehmen.

Zudem erreichen Sie die Funktion über das Menü – Sie sehen dies in der rechten Abbildung.

Die Breit-Option

Standardmäßig ist die erste Option – *Breit* – voreingestellt. Dieser Modus ist gut geeignet, wenn Sie sich um möglichst wenig kümmern und die Entscheidung der Sony α6100 überlassen wollen.

⊟ **Tabletop.** *Bei Tabletop-Aufnahmen bietet sich die manuelle Fokussierung an.*

42 mm | ISO 100 | 2,5 Sek. | f 36

Zum Fokussieren wird das Messfeld verwendet, in dem das fotografierte Objekt der Kamera am nächsten ist. Sind mehrere Objekte auf derselben Schärfeebene, können mehrere oder auch alle Messbereiche aufleuchten, wenn Sie den Auslöser bis zum ersten Druckpunkt drücken.

Wenn die Fokussierung klappt, leuchten die betreffenden Messfelder grün auf.

Die Feld-Option

Die zweite Option trägt die Bezeichnung *Feld*. Diese Option bietet den Vorteil, dass sich die neun Messfelder nicht starr an einer Position befinden. Sie können sie jeweils um einen Schritt zu allen Seiten verschieben. So habe ich sie beispielsweise im rechten Bild um einen Schritt nach links unten geschoben. Links sehen Sie die Standardposition.

Verwenden Sie zum Verschieben der Fokusmessfelder das Einstellrad. Drehen oder drücken Sie es, um zur gewünschten Position zu gelangen.

Die ausgewählte Position bleibt übrigens auch nach dem Auslösen erhalten. Wollen Sie eine neue Position für die Messfelder einstellen, drücken Sie die SET-Taste. Dann werden die Rahmen erneut zum Verschieben eingeblendet. In welchem der neun Messfelder der Fokus gemessen wird, bestimmt die α6100 übrigens selbstständig. Eine Auswahl können Sie hier nicht vornehmen.

Zurücksetzen

Wollen Sie die Felder auf die Mittelstellung zurücksetzen, drücken Sie die Taste mit dem Mülleimersymbol.

Mitte

Bei der nächsten Messfeld-Option – *Mitte* – erfolgt das Fokussieren in der Bildmitte. Diese Option ist sinnvoll, wenn ein Bereich zur Fokussierung herangezogen werden soll, der sich in der Bildmitte befindet. Andere *Fokusfeld*-Einstellungen sind allerdings flexibler und daher dieser Variante vorzuziehen. Ich setze diesen Modus nur sehr selten ein.

AF-Messwertspeicher

Um die verschiedenen Messsysteme zu umgehen, können Sie auch ein anderes Verfahren anwenden und die ermittelte Schärfe speichern. In diesem Fall kann die *Fokusfeld*-Option *Mitte* in Kombination mit dem *AF-S*-Modus helfen.

Wenn sich das Motiv nicht innerhalb des aktuellen Messfeldes befindet oder das automatische Fokussieren aus einem anderen Grund nicht klappt, ist das Fixieren der Schärfe mit dem Autofokus-Messwertspeicher empfehlenswert.

Der Fokus wird gespeichert, sobald Sie nach dem halben Durchdrücken des Auslösers den grünen Markierungsrahmen sehen. Solange der Auslöser halb gedrückt bleibt, wird der Fokus gespeichert.

Einsatz des AF-Messwertspeichers

Den AF-Messwertspeicher setzen Sie ganz einfach ein:

1 Schwenken Sie die Kamera auf einen Punkt, der scharf abgebildet werden soll, und drücken Sie den Auslöser halb durch.

2 Nach dem Speichern der Schärfe kann die Kamera nun geschwenkt werden, bis der gewünschte Bildausschnitt erreicht ist. Lösen Sie anschließend aus.

3 Natürlich müssen Sie dabei beachten, dass sich das zu fotografierende Objekt nach der Speicherung des Fokus nicht mehr bewegt. Da diese Vorgehensweise sehr schnell und praktisch ist, ist sie für viele Aufgabenstellungen sehr gut geeignet. So brauchen Sie nicht zwischen den verschiedenen *Fokusfeld*-Modi zu wechseln.

⬆ **Im Hafen.** *In vielen »normalen« Aufnahmesituationen ist die Fokusfeld-Option »Breit« eine gute Wahl.*

38 mm | ISO 100 | $^1/_{320}$ Sek. | f 9

Flexible Spot

Die nächste Messfeld-Option – *Flexible Spot* – ist die flexibelste, wenn Sie selbst festlegen wollen, wo im Bild genau die Fokussierung erfolgen soll.

Sie können in diesem Modus nämlich das Fokussierfeld in einem sehr großen Bereich des Bildes selbst festlegen. Hinzu kommt als ein weiterer Vorteil, dass Sie die Größe des Messfeldes variieren können – drei unterschiedliche Größen haben Sie dabei zur Auswahl.

1 Um die Größe des Autofokusmessfeldes zu verändern, drehen oder drücken Sie das Einstellrad. Sie sehen die drei Größen der Messfelder auf der nächsten Seite. Sie können eine der drei Größen auch im Menü auswählen. So sehen Sie im Bild links die Variante, bei der die mittlere Größe eingestellt wird.

2 Schieben Sie das Messfeld mit dem Einstellrad an die gewünschte Position. Im nachfolgenden linken Bild habe ich das Messfeld übrigens zur Demonstration nach links unten geschoben. Sie sehen, dass der Bereich deutlich größer ist als bei der *Breit*-Option.

3 Wurde die gewünschte Position im Bild ausgesucht, können Sie den Auslöser zum Fokussieren drücken. Bei erfolgreichem

🔲 **Landschaft.** *Wenn Sie das Autofokusmessfeld – beispielsweise am Horizont – selbst festlegen wollen, ist die Autofokusfeld-Option »Flexible Spot« bestens geeignet.*

17 mm | ISO 100 | 1/640 Sek. | f 10

Scharfstellen leuchten der Schärfeindikator und das Messfeld grün auf.

4 Wenn Sie das Fokusmessfeld wieder in die Mitte zurücksetzen wollen, können Sie einfach die Taste mit dem Mülleimersymbol drücken.

Erweiterter Flexible Spot

Die nächste Option mit der Bezeichnung *Erweit. Flexible Spot* gibt es schon bei einigen Sony-Modellen. Wie der Name es aussagt, werden die Möglichkeiten des Flexible Spots erweitert. Kann im Fokusmessfeld nicht fokussiert werden, werden die umliegenden Felder mit herangezogen. Dadurch ist es eine sehr leistungsfähige Fokussiermöglichkeit, da Fehlfokussierungen praktisch ausgeschlossen sind. Der nachfolgend rechts markierte Doppelrahmen kennzeichnet dieses Feature.

Der Modus AF-Verriegelung

Für den letzten Modus gibt es sieben verschiedene Optionen. Sie sind aber nur verfügbar, wenn der Autofokusmodus *AF-C* eingestellt wurde. Andernfalls sehen Sie die links gezeigte Fehlermeldung.

Die Optionen *Breit*, *Feld*, *Mitte*, *Flexible Spot* (*S*, *M* und *L*) und *Erw. Flexible Spot* entsprechen den bereits beschriebenen Optionen – aber mit einem bedeutenden Unterschied: Nach dem Erfassen eines Objektes wird dieses verfolgt, wenn es sich in Bewegung setzt.

1 Wählen Sie die betreffende Option nach der Auswahl der Funktion *Tracking* mit dem Einstellrad aus – drücken Sie es rechts oder links. Sie sehen das Menü nachfolgend links.

2 Wird der Auslöser gedrückt, erfasst die α6100 das Objekt. Ist das Objekt fokussiert, wird der Schärfeindikator mit einer

Doppelklammer gekennzeichnet – wie im Bild rechts. Dort sehen Sie auch den grünen Schärfeindikator, wenn das Fokussieren geklappt hat. Bewegt sich das Objekt nun, folgt das Messfeld ihm, solange Sie den Auslöser gedrückt halten.

So interessant diese Funktion auch ist: Es sollte nicht unerwähnt bleiben, dass sie in der Praxis oft keine gute Wahl ist. Die α6100 »verliert« das Objekt relativ häufig. Sie müssen es dann nach erneutem Drücken des Auslösers neu erfassen. In vielen Fällen werden Sie mit der AF-C-Funktion und einer der anderen *Fokusfeld*-Optionen schneller und sicherer zum Ziel kommen.

Messfelder und Digitalzoom

Falls Sie den digitalen Zoom aktiviert haben, können Sie kein Messfeld mehr auswählen. Stattdessen sehen Sie den nebenstehend abgebildeten Rahmen. Auf welches Objekt die α6100 fokussiert, ist nicht mehr erkennbar. Das Gleiche passiert, wenn Sie im *AF-S*-Modus fotografieren und die α6100 wegen schlechter Lichtverhältnisse das Autofokushilfslicht aktiviert.

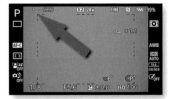

Grundsätzliches

Es liegt in der Natur der Sache, dass Autofokussysteme unter bestimmten Bedingungen Schwierigkeiten bekommen. Autofokus ist ja keine Zauberei. Die Kamera kann nicht »wissen«, wann und ob ein Motiv scharf dargestellt ist. Es wird lediglich nach Kontrasten im Bild gesucht. Werden senkrechte oder schräge Linien im Bild gefunden, wird der Fokus so eingestellt, dass die Linien kontrastreich – also scharfkantig – abgebildet werden.

Schwierige Situationen

Je weniger Kontrast im Bild vorhanden ist, umso schwieriger wird es für das Autofokussystem. Das gilt beispielsweise für

Schwierigkeiten

Schwierigkeiten beim Fokussieren liegen in der Natur der Sache – sie haben nichts mit einem speziellen Kameramodell zu tun.

Dunkelheit. Auch wenn das zu fotografierende Objekt dieselbe Farbe aufweist wie der Hintergrund, bekommt das Autofokussystem Schwierigkeiten. Bei weichen Strukturen – wie etwa Wolken – tut sich der Autofokus ebenfalls schwer. Gegebenenfalls muss man hier manuell fokussieren.

Schwierig wird es außerdem, wenn innerhalb des Autofokusmessfeldes Objekte mit unterschiedlichem Abstand zur Kamera zu sehen sind. Tiere im Käfig wären ein solches Beispiel – wie beim Bild unten. Hier kann die Kamera nicht automatisch fokussieren – stellen Sie daher manuell scharf.

Auch Motive mit vielen feinen Details bereiten dem Autofokussystem Probleme. Eine Blumenwiese wäre ein solches Beispiel. Stark abweichende Helligkeitswerte können ebenfalls zu Schwierigkeiten führen. Personen, die sich halb im Schatten befinden, sind ein Beispiel dafür. Motive, die von regelmäßigen geometrischen Mustern bestimmt werden, mag das Autofokussystem auch nicht. Fensterfassaden eines Wolkenkratzers fallen in diese Kategorie.

⬇ Käfiggitter. *Gehen Sie ganz nah an das Käfiggitter heran, um es zu eliminieren.*

110 mm | ISO 400 | 1/160 Sek. | f 5.6

Die Lösung

Für alle Situationen, in denen der Autofokus versagt, können Sie wahlweise auf die manuelle Fokussierung ausweichen oder Sie

verwenden den Autofokus-Messwertspeicher. Insgesamt bleibt aber festzustellen, dass der Autofokus der α6100 gut und auch recht schnell arbeitet, wenn auch teurere Spiegelreflexkameras eine schnellere Fokussierung bieten. Die allermeisten »normalen« Aufnahmesituationen werden Sie allerdings gut bewältigen.

Menüfunktionen

Die α6100 bietet weitere Autofokusoptionen an, die Sie über das Menü erreichen. Einige der Funktionen sind interessant – andere eher nicht. Ich werde sie Ihnen im Folgenden vorstellen.

AF-Hilfslicht

Im Menü der Kameraeinstellungen finden Sie auf der fünften Seite die Funktion *AF-Hilfslicht*, die automatisch aktiviert ist. Wenn geringes Umgebungslicht es erfordert, wird ein roter Lichtstrahl ausgesendet, um das automatische Scharfstellen zu ermöglichen.

Da das Hilfslicht – zum Beispiel bei Veranstaltungen – stören kann, sollten Sie es deaktivieren. Wenn es wirklich notwendig sein sollte, können Sie es ja jederzeit zuschalten. Das Hilfslicht hat nur eine Reichweite von einigen Metern.

Touchoptionen

Der Monitor der α6100 ist berührungsempfindlich. Die Touchfunktionalität ist aber auf die Wahl des Fokuspunktes begrenzt. Die Kamera hilft sowohl bei der Arbeit mit dem Monitor als auch beim Blick durch den Sucher. Sie können auf die Stelle tippen, an der der Fokus ermittelt werden soll.

Auf der neunten Seite der Benutzereinstellungen finden Sie die Funktion *BerührModus-Funkt.*, mit der Sie die Touchfunktionalität anpassen können. Ist die Option *Touch-Auslöser* aktiviert, wird nach dem Antippen des Monitors auf diese Position scharf gestellt und ein Foto aufgenommen. Bei der Option *Touch-Fokus* wird nur fokussiert. Die letzte Option benötigen Sie, wenn das angetippte Objekt verfolgt werden soll.

Aktivierung

Nutzen Sie die Funktion *Berührungsmodus*, um die Touchfunktionalität zu aktivieren.

Sony verwendet zwei verschiedene Bezeichnungen für die Touchbedienung. Wenn Sie mit dem Monitor arbeiten, wird die Bezeichnung *Touchpanel* benutzt. Schauen Sie durch den Sucher, kann der Monitor ebenfalls für die Touchbedienung genutzt werden. Dann spricht man vom *Touchpad*. Mit der Funktion *Touchpanel/-pad* legen Sie fest, bei welcher Bedienart die Berührungsempfindlichkeit hergestellt werden soll. Im Untermenü der Funktion *Touchpad-Einstlg.* legen Sie mit der ersten Option fest, dass beim Blick durch den Sucher die Touchbedienung auch bei hochformatigen Aufnahmen möglich ist. Mit der Funktion *Touch-Pos.-Modus* wird festgelegt, wie der Fokusrahmen verschoben wird. Um weniger streichen zu müssen, ist die Standardoption *Relative Position* eine gute Wahl. Mit der letzten Option wird der berührungsempfindliche Bereich festgelegt.

 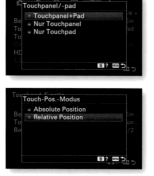  

Gesichts- und Lächelerkennung

Inzwischen gehört die Funktionalität der Gesichts- und Lächelerkennung zum Standard guter Kameras. Natürlich bietet auch die Sony α6100 die Möglichkeit an, Gesichter automatisch zu erkennen und darauf scharf zu stellen. Zusätzlich kann sie bei erkannten Gesichtern merken, ob die Person lächelt, und erst dann auslösen. Rufen Sie auf der fünften Seite der Kameraeinstellungen die Funktion *Ges/AugenAF-Einst* auf. Im Untermenü finden Sie dann die rechts abgebildeten fünf Optionen vor.

Deaktivieren

Mit der ersten Option deaktivieren Sie die Gesichts-/Augenerkennung.

Mit der *Motiverkennung*-Option legen Sie fest, ob Menschen oder Tiere erkannt werden sollen. Mit der dritten Option wird das auszuwählende Auge festgelegt. Sollen erkannte Gesichter oder Tiere mit einem Rahmen versehen werden, aktivieren Sie die beiden letzten Optionen.

Um Gesichter zu registrieren, rufen Sie auf der elften Seite der Kameraeinstellungen die Funktion *Gesichtsregistr.* auf – damit öffnen Sie das folgende in der Mitte gezeigte Menü. Wählen Sie hier die Option *Neuregistrierung*. Visieren Sie dann mit dem rechts abgebildeten Rahmen das Gesicht der Person an und lösen Sie aus.

Gesichtserkennung

Es liegt übrigens in der Natur der Sache, dass die Gesichtserkennung nicht perfekt arbeiten kann – schließlich kann die α6100 ja nicht wissen, ob ein Gegenstand nur zufällig Ähnlichkeit mit einem Gesicht hat oder ob es sich wirklich um ein Gesicht handelt.

Mit der Option *Reg. Gesichter-Prior.* aktivieren Sie, dass die registrierten Gesichter bevorzugt werden sollen. Die Option *Auslös. bei Lächeln* aktiviert die Lächelerkennung. Sie sehen dann die rechts gezeigte Ansicht.

Bildeffekt

Wenn Sie den *Tontrennung*-Bildeffekt einsetzen, kann die Gesichtserkennung nicht aktiviert werden.

Ist die Funktion *Selbstportr./-auslös.* aktiviert, wird bei Selbstporträts das Monitorbild automatisch umgedreht und nach dem

Drücken des Auslösers erst nach drei Sekunden ausgelöst. Der klappbare Monitor kann für Selbstporträts komplett nach oben geklappt werden.

Bildstabilisator

Die α6100 besitzt keinen im Gehäuse integrierten Bildstabilisator. Sie unterstützt aber Objektive mit einem Stabilisator. Der Bildstabilisator ist standardmäßig aktiviert – dies sollten Sie auch beibehalten. Der Bildstabilisator wird mit der Funktion *Steady-Shot* auf der achten Seite der Kameraeinstellungen ein- oder ausgeschaltet.

 Wenn die Belichtungszeit zu lang ist, kann es zu Verwacklungen kommen, die zu unscharfen Ergebnissen führen. Sie können die Verwacklungen vermeiden, indem Sie ein Stativ verwenden. Wenn Verwacklungsgefahr besteht, blinkt übrigens die im Bild links markierte SteadyShot-Anzeige.

Als Faustregel sagt man, dass die Belichtungszeit in Sekunden nicht länger als der Kehrwert der Brennweite in Millimetern sein sollte. Dabei muss die kleinbildäquivalente Brennweite berücksichtigt werden. Bei der α6100 beträgt der Umrechnungsfaktor etwa 1,5. So sollten Sie maximal eine Belichtungszeit von $1/80$ Sek. einstellen, um bei einer Brennweite von etwa 50 mm ein verwacklungsfreies Bild zu erhalten.

Durch den aktivierten Bildstabilisator kann diese Belichtungszeit um ein oder gar zwei Werte reduziert werden, sodass Sie auch mit einer Belichtungszeit von etwa $1/20$ Sek. zu verwacklungsfreien Bildern gelangen können, wenn Sie eine einigermaßen ruhige Hand besitzen.

Autofokus bei Fokusvergrößerung

Auf der zehnten Seite der Kameraeinstellungen wird die Funktion *AF bei Fokusvergr* angeboten. Sie ist standardmäßig aktiviert. Wenn Sie die *Fokusvergröß*-Funktion nutzen, sollten Sie die Vorgabe beibehalten. Sie können den Autofokus auch dann einsetzen, wenn Sie die Ansicht vergrößert haben.

AF-Feld automatisch löschen

Auf der sechsten Seite der Kameraeinstellungen finden Sie die Funktion *AF-Feld auto. lösch.*, die standardmäßig deaktiviert ist. Wenn Sie die Anzeige der Autofokusmessfelder stört, können Sie diese Funktion aktivieren. Dann werden die Autofokusmessfelder kurz nach dem erfolgreichen Scharfstellen ausgeblendet.

Nachführbereich anzeigen

Wenn Sie den Nachführ-Autofokus einsetzen und die *Fokusfeld*-Modi *Breit* oder *Feld* eingestellt haben, wird standardmäßig das Autofokusmessfeld (oder die Felder) angezeigt, das zum Scharfstellen genutzt wird. Mit der Funktion *Nachführ-AF-B. anz.* auf der sechsten Seite der Kameraeinstellungen können Sie die Anzeige deaktivieren, was allerdings nicht zu empfehlen ist.

Vor-Autofokus

Interessant ist auch die Funktion *Vor-AF* auf der fünften Seite der Kameraeinstellungen. Die Option ist standardmäßig aktiviert, und das sollten Sie auch nicht ändern. Ist die Option aktiviert, fokussiert die Kamera schon, wenn Sie den Auslöser noch gar nicht gedrückt haben – sie führt eine »Vorfokussierung« durch. Dadurch klappt das Fokussieren beim halben Durchdrücken des Auslösers viel schneller, weil die Vorfokussierung nur noch nachjustiert werden muss.

Eye-Start AF

Wenn Sie einen Adapter verwenden, um A-Mount-Objektive nutzen zu können (siehe Seite 23), wird die Option *Eye-Start AF* auf der sechsten Seite der Kameraeinstellungen verfügbar.

Wurde die Option aktiviert, beginnt die automatische Fokussierung, sobald Sie durch den Sucher blicken. Diese Option ist nützlich, wenn Sie häufig mit dem Sucher fotografieren und A-Mount-Objektive verwenden.

Autofokus bei Auslösung

Tasten neu belegen

Wenn Sie die Standardeinstellung der Funktion *AF b. Auslösung* nicht beibehalten, können Sie das Fokussieren einer anderen Taste zuweisen.

Mit der Option *AF b. Auslösung* legen Sie fest, ob beim halben Durchdrücken des Auslösers fokussiert werden soll. Die Standardvorgabe *Ein* ist auch hier sinnvoll.

Objektive korrigieren

Die letzte Funktion ist etwas ganz Spezielles. Ein »Normalanwender« wird sie in der Regel nicht benötigen. Die Funktion *AF-Mikroeinst.* auf der sechsten Seite der Benutzereinstellungen erlaubt es Ihnen, Objektive, die ein A-Bajonett besitzen, feinabzustimmen, falls sie nicht korrekt fokussieren.

Nach dem Aufruf finden Sie in einem Untermenü drei Funktionen vor, die Sie in der nachfolgenden rechten Abbildung sehen. Maximal 30 Objektive können Sie registrieren und feinabstimmen.

Landschaftsaufnahmen

Landschaftsaufnahmen sind ein fotografisches Thema, das bei Einsteigern in die Fotografie sehr beliebt ist. Und dennoch hört man gerade bei dieser Thematik recht oft, dass sie die Szene ganz anders – viel beeindruckender – »in Erinnerung« hätten. Den Grund für die Unzufriedenheit kann man einfach erklären: Wenn Sie sich eine Landschaft mit bloßen Augen ansehen, schauen Sie nach rechts und links, um die Gesamtszene zu erfassen. Um die Landschaft wirksam auf den Sensor zu bannen, müssen Sie daher einen interessanten Ausschnitt suchen. Sind etwa die Wolkenformationen besonders schön, sollte der Horizont durch den unteren Bildteil verlaufen. Ist dagegen der Vordergrund interessanter, schwenken Sie die Kamera so, dass der Horizont durch den oberen Bildteil verläuft.

Programm	Zoom	ISO	Blende	Verschlussz.
Zeitautomatik	Weitwinkel	niedrig	weit zu	lang

Landschaftsaufnahmen mit der Sony α6100

Wenn Sie mit der α6100 Landschaften fotografieren, gibt es prinzipiell keine Unterschiede zu anderen Kameras. Nutzen Sie bei Bedarf die minimale Brennweite des Standardkitobjektivs (16 mm), um – wie beim Beispielbild unten – die »Weite« einzufangen.

Schärfepunkt
Gerade bei Landschaftsaufnahmen müssen Sie darauf achten, dass Sie an der geeigneten Stelle fokussieren. Liegt der Horizont im unteren Bereich des Bildes, sollten Sie ein Autofokusmessfeld zum Scharfstellen einsetzen, das ebenfalls im unteren Bereich liegt.

⬛ **Blick auf den Harz.** *Nutzen Sie die Weitwinkeleinstellung für Landschaftsaufnahmen.*

16 mm | ISO 100 | $1/320$ Sek. | f 5.6

4 Erweiterte Funktionen

Einige Funktionen, die die Sony α6100 anbietet, werden Sie vielleicht nicht so häufig verwenden. Dennoch sind sie erwähnenswert. So erfahren Sie in diesem Kapitel unter anderem, wie Sie Reihenaufnahmen machen oder den Selbstauslöser einsetzen.

Vielfalt

Die α6100 bietet, für eine Kamera dieser Kameraklasse, eine außergewöhnlich große Funktionsvielfalt. Das macht die Kamera auch für engagierte Hobbyfotografen so interessant – zahlreiche Funktionen findet man eher bei größeren Spiegelreflexkameras.

Sicherlich werden Sie wohl kaum alle Funktionen nutzen (können), die Ihnen zur Verfügung stehen. Aber es gibt ja auch Fotografen, für die es ein beruhigendes Gefühl ist zu wissen, dass diese Funktionen bei ihrer Kamera vorhanden sind.

In diesem Kapitel stelle ich Ihnen jede Menge Funktionen vor. Einige der beschriebenen Funktionen werden Sie – je nach Aufgabenstellung – häufiger einsetzen, andere dagegen vermutlich eher selten.

Suchen Sie sich aus dem Angebot diejenigen Funktionen aus, die Ihnen nützlich erscheinen, und vergessen Sie die, die Sie für redundant halten.

Bildfolgemodus

Vier verschiedene Aufnahmebetriebsarten stehen Ihnen zur Verfügung. Die Betriebsart legt fest, wie Fotos aufgenommen werden – beispielsweise als Einzelbilder oder aber als Bilderserien.

Sie erreichen die Aufnahmemodi über die links markierte Taste des Einstellrads. Nach dem Aufruf sehen Sie das in der Mitte abgebildete Menü. Wählen Sie eine Option durch Drehen oder Drücken des Einstellrads aus. Alternativ zum Drücken der Direkttaste können Sie auch die *Bildfolgemodus*-Option auf der dritten Seite der Kameraeinstellungen aufrufen.

Auswahl der Betriebsart

Standardmäßig ist der *Einzelaufnahme*-Modus eingestellt. Wenn Sie den Auslöser drücken, wird nur eine Aufnahme gemacht. Für eine weitere Aufnahme muss der Auslöser erneut gedrückt werden. Halten Sie den Auslöser gedrückt, passiert gar nichts. Bei statischen Motiven ist dieser Modus die erste Wahl.

Serienaufnahme

Der zweite Modus erlaubt Serienbilder. Das ist zum Beispiel bei bewegten Motiven nützlich. Solange der Auslöser gedrückt bleibt, werden bis zu etwa elf Fotos in der Sekunde geschossen. Das ist eine sehr hohe Serienbildgeschwindigkeit.

In den Internetforen sorgt besonders die maximale Bildrate pro Sekunde immer wieder für riesigen Diskussionsbedarf. Allerdings wird selten beantwortet, für welche Aufgabenstellung der Maximalwert unbedingt sehr hoch sein muss. Neben den fehlenden Aufgabenstellungen kommt ja auch noch hinzu, dass sich dann die Aufnahmen derart ähnlich sind, dass das nachträgliche Heraussuchen der geeigneten Aufnahme sehr viel Zeit in Anspruch nimmt.

Ein Beispiel für eine sinnvolle Serienaufnahme sehen Sie rechts. Da man nicht vorhersehen kann, wie sich die Möwe bewegt, habe ich sehr viele Aufnahmen nacheinander gemacht und anschließend am Rechner die schönsten Bilder herausgesucht. Ich persönlich finde das erste Bild

⬆ *Serienbilder. Es waren mehrere Versuche nötig, ehe eine interessante Serie entstand.*

110 mm | ISO 200 | 1/500 Sek. | f 5.6

wegen der Haltung am schönsten. Für solch eine Aufgabenstellung sind allerdings mehrere Versuche notwendig. Ein anderes Einsatzgebiet für Serienaufnahmen sind Actionaufnahmen, für die die α6100 allerdings nicht besonders gut geeignet ist.

Die α6100 bietet vier unterschiedliche Modi an. Drücken Sie das Einstellrad rechts oder links, um zwischen den Modi zu wechseln.

Wird der *Lo*-Modus eingestellt, sind bis etwa 2,5 Bilder pro Sekunde möglich. Mit den etwa sechs Bildern pro Sekunde, die Sie mit der α6100 im *Mi*-Modus schießen können, kommen Sie in vielen Fällen prima hin. Immerhin sollte bedacht werden, dass es sich um Fotos – und nicht um Filmaufnahmen – handelt. Insofern ist der Hype um die maximal mögliche Bildrate stets mit etwas Vorsicht zu genießen.

Der *Hi*-Modus ermöglicht elf Aufnahmen pro Sekunde. Beim letzten Modus *Hi+* gilt die gleiche Rate. Dabei werden die Bilder aber kontinuierlich so lange aufgenommen, wie Sie den Auslöser gedrückt halten. Das Monitorbild wird in diesem Modus nicht aktualisiert.

Selbstauslöser

Den *Selbstauslöser*-Modus benötigen Sie für viele Aufgaben – nicht nur dann, wenn Sie selbst auf dem Foto erscheinen wollen. Alle Aufnahmen, bei denen längere Belichtungszeiten notwendig sind, bieten sich für diesen Modus an, wie etwa Nachtaufnahmen oder andere Fotos, die mit dem Stativ gemacht werden. So lassen sich nämlich Verwacklungsunschärfen vermeiden.

1 Drücken Sie das Einstellrad links, um die Optionen für den Selbstauslöser aufzurufen – das ist die dritte Option.

2 Legen Sie die Zeit fest, die vom Drücken des Auslösers bis zum Auslösen vergehen soll. Sie haben zwei, fünf oder zehn

Sekunden zur Auswahl, wenn Sie das Einstellrad rechts oder links drücken. Zehn Sekunden ist eine gängige Zeit, die in vielen Fällen ausreicht. Wenn Sie nicht selbst im Bild erscheinen wollen, kann die kürzere Zeit die bessere Wahl sein – etwa bei Nacht- oder Tabletop-Aufnahmen.

Aufheben

Der *Selbstauslöser*-Modus bleibt nach der Aufnahme erhalten, bis Sie im Bildfolgemenü eine andere Option einstellen.

3 Wenn der Auslöser durchgedrückt wird, wird das Motiv scharf gestellt.

4 Nach dem Auslösen blinkt das AF-Hilfslicht rot und es ertönt ein Piepton. Etwa eine Sekunde vor dem Auslösen der Kamera gibt das AF-Hilfslicht Dauerlicht und das Piepen wird schneller.

5 Soll der Auslösevorgang abgebrochen werden, drücken Sie den Auslöser ein zweites Mal.

Retro-Platine. *Bei Tabletop-Aufnahmen ist der Selbstauslöser-Modus sinnvoll, um Verwacklungen zu vermeiden.*

50 mm | ISO 100 | 1/4 Sek. | f 18

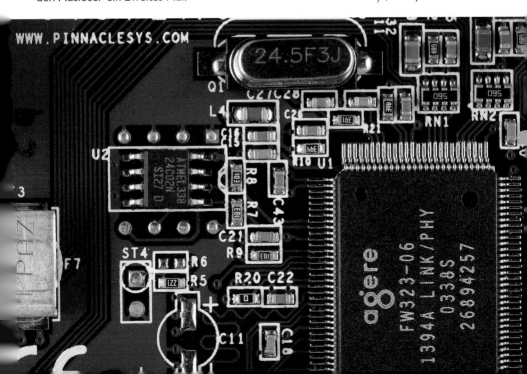

Serie

Diese Serienfunktion ist zum Beispiel bei Gruppenaufnahmen sinnvoll, wenn Sie sicherstellen wollen, dass auf jeden Fall ein gelungenes Foto entsteht.

6 Die folgende Funktion – *Selbstausl.(Serie)* – stellt Optionen bereit, um mehrere Aufnahmen nacheinander zu schießen. Die Vorlaufzeit kann dabei auf zwei, fünf oder zehn Sekunden festgelegt werden. Zudem haben Sie die Wahl zwischen drei und fünf Bildern.

Langzeitbelichtungen

Langzeitbelichtungen sind ein spannendes Thema. Ob Nachtaufnahmen von Gebäuden oder Aufnahmen von Feuerwerk – vieles bietet sich bei der Motivauswahl an.

Einige Punkte müssen Sie allerdings beachten, damit wirkungsvolle Ergebnisse entstehen. Unabdingbare Voraussetzung ist selbstverständlich der Einsatz eines Stativs. Wird ein Stativ verwendet, sollten Sie ruhig mit einem niedrigen ISO-Wert von 100 oder 200 arbeiten, um das mögliche Bildrauschen auf ein Minimum zu reduzieren. Wegen des Stativs spielt auch die dadurch entstehende lange Belichtungszeit keine Rolle.

High-ISO

Wegen der recht guten Bildqualität der α6100 auch bei höheren ISO-Werten ist es nicht weiter schlimm, wenn Sie bei Dämmerungs-/ Nachtaufnahmen einmal das Stativ vergessen haben. Es können nämlich auch bei Freihandaufnahmen schöne Ergebnisse entstehen, wenn Sie eine einigermaßen »ruhige Hand« besitzen.

Weißabgleich variieren

Durch Tests mit verschiedenen Weißabgleicheinstellungen können Sie sehr unterschiedliche Ergebnisse erzielen. Um rötlichere Ergebnisse zu erreichen, könnten Sie ja zum Beispiel einmal die *Glühlampe*-Einstellung des Weißabgleichs testen.

Wegen der schwierigen Beurteilung der Weißabgleicheinstellungen ist es durchaus empfehlenswert, Langzeitbelichtungen im RAW-Format aufzunehmen und die Einstellungen nachträglich mithilfe eines Bildbearbeitungsprogramms anzupassen.

Nachtaufnahmen

Bei Nachtaufnahmen werden Sie kaum darum herumkommen, verschiedene Einstellungen auszuprobieren, um zu einem perfekten Ergebnis zu kommen. So sollten Sie auf jeden Fall unterschiedliche Blendeneinstellungen ausprobieren. Je weiter Sie die

Blende öffnen, desto mehr wird zum Beispiel bei Dämmerung vom Himmel mit in das Bild aufgenommen.

Dadurch überstrahlen allerdings die Lichter (zum Beispiel von Straßenlaternen) stärker, sodass ein Kompromiss gefunden werden muss. Schießen Sie mehrere Aufnahmen mit unterschiedlichen Blendenwerten und suchen Sie später die gelungenste Variante aus.

Probieren Sie außerdem auch einmal die automatische Belichtung der α6100 aus. In vielen Fällen entstehen erstaunlich gute Ergebnisse, ohne dass deutliche Korrekturen notwendig sind. Dies gilt zumindest dann, wenn ausreichend Licht vorhanden ist. Zudem lohnt es sich, bei Nachtaufnahmen auch einmal zu »experimentieren« – beispielsweise, indem Sie während der Belichtungszeit zoomen, um »Wischspuren« zu erzeugen. Auch ein absichtliches Bewegen der Kamera erzeugt Lichtspuren.

Es sind aber oft viele Versuche notwendig, da das Ergebnis natürlich nicht vorhersehbar ist. Schießen Sie daher viele verschiedene Bilder und suchen Sie das gelungenste Foto später am Rechner heraus.

Rathaus Wolfen-büttel zur blauen Stunde. Probieren Sie bei Nachtaufnahmen unterschiedliche Weiß-abgleicheinstellungen aus oder fotografieren Sie im RAW-Format.

16 mm | ISO 100 | 8 Sek. | f 7.1

Feuerwerk

Feuerwerk zu fotografieren, ist eine knifflige Angelegenheit. Viel hängt vom Zufall ab. Dafür werden Sie – wenn alles klappt – mit beeindruckenden Ergebnissen belohnt. Während Sie in natura den hochfliegenden Feuerwerkskörper sehen, können Sie seinen gesamten Weg aufs Foto bannen.

Dazu muss natürlich die Belichtungszeit entsprechend lang sein. Um dabei kein allzu helles Ergebnis zu erhalten, sollte die Blende geschlossen werden. Hier müssen Sie testen, wann die passende Helligkeit erreicht ist. Da sich der Feuerwerkskörper ja schnell bewegt, bestimmt alleine die Blende, wie die Lichtspuren erscheinen. Um die Farben zu erhalten, können Sie zum Beispiel Blende 8 oder 11 oder auch höher ausprobieren.

Der passende Bildausschnitt sollte dagegen bei der α6100 selten zum Problem werden. Verwenden Sie ein Weitwinkelobjektiv und schneiden Sie das Bild später per Bildbearbeitungsprogramm zu. Die 24,2 Megapixel der Sony α6100 werden Sie vermutlich in den seltensten Fällen komplett benötigen – so haben Sie ausreichend Reserven.

⬇ *Feuerwerk. Hier wurden drei Aufnahmen, die vom selben Standort aus aufgenommen wurden, nachträglich am Rechner zu einem Bild montiert.*

27 mm | ISO 100 | 30 Sek. | f 16

Die Sucher-/Monitoranzeigen

Folgende Symbole werden auf dem Monitor/im Sucher zur Information angezeigt:

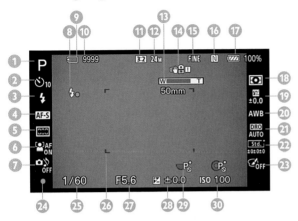

1 Belichtungsprogramm	16 NFC aktiv
2 Betriebsart	17 Akkuanzeige
3 Blitzmodus	18 Belichtungsmessung
4 Autofokusmodus	19 Blitzbelichtungskorrektur
5 Messfeldwahl	20 Weißabgleich
6 Gesichter-/Augenpriorität	21 DRO/HDR
7 Geräuschlose Aufnahme	22 Kreativfilter
8 Blitzbereitschaft	23 Effektmodus
9 Speicherkartenstatus	24 Schärfeindikator
10 Restbildanzahl	25 Belichtungszeit
11 Seitenverhältnis	26 Messfeldbereichsgrenze
12 Bildgröße	27 Blendeneinstellung
13 Zoomskala	28 Belichtungskorrektur
14 Bildstabilisator	29 Bedienungshinweise
15 Bildqualität	30 ISO-Wert

Der elektronische Sucher

Der Sucher der α6100 löst das Bild mit 1.440.000 Bildpunkten fein auf. Allerdings ist er relativ klein, sodass eine ganz präzise Beurteilung gelegentlich ein wenig schwierig ist.

Trotzdem ist der Einsatz des elektronischen Suchers in sehr vielen Fällen unerlässlich. Bei hellem Umgebungslicht im Freien

kann nämlich das Monitorbild nur sehr schwer beurteilt werden. Hier leistet der Sucher gute Hilfe.

Die Darstellung der wichtigsten Parameter weicht ein wenig vom Monitorbild ab. So werden die Informationen über die Aufnahmedaten über und unter dem Bild angezeigt, statt innerhalb des Bildes wie beim Monitor. Das ist ein erheblicher Vorteil, weil dadurch das gesamte Foto zu sehen ist – beim Monitor werden dagegen Bildteile durch die Informationen verdeckt.

Im Bild links habe ich den Augensensor markiert, der erkennt, wenn Sie sich dem Sucher nähern. Er schaltet dann standardmäßig die Monitoransicht aus und die Sucheransicht ein.

Dioptrienausgleich

Falls Sie kurz- oder weitsichtig sind, müssen Sie beim Blick durch den Sucher nicht zwingend mit aufgesetzter Brille fotografieren, was gelegentlich etwas umständlich sein kann. Oben gibt es ein Rädchen für den Dioptrienausgleich. Drehen Sie es beim Blick durch den Sucher (ohne aufgesetzte Brille) so weit nach rechts oder links, bis Sie das Bild scharf im Sucher abgebildet sehen.

Menüfunktionen

Im Menü finden Sie unterschiedliche Funktionen, die sich auf den Sucher beziehen. Mit der Funktion *FINDER/MONITOR* auf der sechsten Seite der Benutzereinstellungen legen Sie fest, ob eine automatische Umschaltung erfolgen soll. Sie sollten die Standardvorgabe *Auto* beibehalten.

Auf der ersten Seite des Setup-Menüs finden Sie zwei Funktionen – die Sie in den beiden unteren Bildern auf der vorherigen Seite sehen –, um die Sucherhelligkeit und die Farbtemperatur anzupassen. Ich empfehle Ihnen, die Standardeinstellungen beizubehalten. Würden Sie beispielsweise die Farbtemperatureinstellung ändern, könnte die Beurteilung der Ergebnisse schwerer fallen.

Neigbarer Monitor

Die Sony α6100 verfügt über einen klappbaren Monitor. Zwar monieren verschiedene Anwender in Forenbeiträgen, dass der Monitor nicht schwenkbar und nur nach oben und unten zu klappen ist, das ist aber in der Praxis nicht unbedingt ein Nachteil.

Der Monitor ist um etwa 180° nach oben und 74° nach unten neigbar. Im Bild rechts sehen Sie ein Stadium, das für Aufnahmen über Kopf sinnvoll ist. Unten sehen Sie die andere Variante.

Einsatzmöglichkeiten

Wenn Sie den Monitor in Bodennähe verwenden wollen, um beispielsweise kleine Pflanzen zu fotografieren, klappen Sie den Monitor wie rechts gezeigt auf, dass Sie ihn von oben betrachten können. Wenn Sie Selfies machen wollen, können Sie den Monitor komplett nach oben klappen.

Reinigung

Da Sie bei der α6100 die Objektive wechseln können, kann es auch vorkommen, dass sich Fussel oder Staubkörner auf dem Sensor absetzen. Das ist ärgerlich, weil diese dann im Foto mehr oder weniger deutlich zu sehen sind. Sie müssen sie dann per

Bildbearbeitung wegstempeln, was unnötige Arbeit macht. Im Gegensatz zu einigen anderen Kameramodellen wird bei der α6100 eine automatische Sensorreinigung angeboten. Über dem Bildsensor ist eine Glasscheibe angebracht, auf der sich Staubpartikel ablagern können.

Bei der Reinigung wird die Glasscheibe durch hohe Frequenzen in Schwingungen versetzt und dadurch der Staub abgeschüttelt. Dieses Verfahren führt in vielen – aber nicht in allen – Fällen zum gewünschten Erfolg. Im Setup-Menü gibt es auf der zweiten Seite die *Reinigungsmodus*-Option, um den Sensor automatisch zu reinigen.

Sie können auch zur Reinigung das Objektiv abnehmen und versuchen, die Verschmutzungen zum Beispiel mit einem Blasepinsel zu entfernen, den Sie im Fotofachhandel erwerben können. Auf Nassreinigungsmittel sollten Sie verzichten, weil der Sensor schnell verschmieren kann.

Die Datenstruktur

Die Sony α6100 arbeitet mit SD-Speicherkarten (Secure Digital). Natürlich können Sie auch die neueren SDHC- und SDXC-Speicherkarten einsetzen, die mit höheren Kapazitäten erhältlich sind.

Nummerierung

Im Setup-Menü – das ist die vorletzte Registerkarte – finden Sie auf der fünften Seite die Option *Dateinummer*. Standardmäßig nummeriert die α6100 die Bilder fortlaufend. Mit der *Rückstellen*-Option können Sie die fortlaufende Nummerierung unterbrechen. Das folgende Foto erhält dann die Bildnummer 00001. Außerdem wird dabei ein neuer Ordner angelegt.

Die α6100 erstellt automatisch einen Ordner mit der Bezeichnung *DCIM*, in dem ein Unterordner mit dem Namen

100MSDCF angelegt wird. Sind in diesem Ordner 4.000 Fotos gespeichert, wird automatisch ein weiterer Ordner mit der Nummer 101 erstellt.

Die Bilder tragen standardmäßig die Bezeichnung *DSC* gefolgt von der fünfstelligen Nummerierung und der Dateiendung *.jpg*. Haben Sie Bilder im RAW-Format aufgezeichnet, tragen diese die Dateiendung *.arw*. Filme haben dagegen die Dateiendung *.mp4* oder *.mts* – je nach eingestelltem Filmformat. Die Filme werden – getrennt nach dem Filmformat – in eigenen Ordnern abgelegt.

MP4-Filme finden Sie in dem Ordner *MP_Root\100ANV01*. Die Filme werden nach dem Muster *C* plus einer fünfstelligen Nummer benannt. Die fortlaufende Nummerierung bezieht dabei Filme und Fotos gleichermaßen ein. Filme im AVCHD-Format sind im Ordner *PRIVATE\AVCHD\BDMV\STREAM* untergebracht.

Durch diese Art der unterschiedlichen Dateiendungen behalten Sie einen guten Überblick. Ein Blick auf die Dateiendung zeigt schnell, wie das Bild oder der Film entstanden ist.

Blüte. *Stellen Sie einen niedrigen Blendenwert ein, um den Hintergrund unscharf erscheinen zu lassen.*

180 mm | ISO 100 | 1/1000 Sek. | f 5

Speicherkarte formatieren

Die Dateiverwaltungsaufgaben lassen sich auch vom PC aus erledigen – dies klappt oft schneller, als wenn Sie die kamerainternen Funktionen einsetzen. So kann die Speicherkarte ebenso mit der Funktion *Formatieren* auf der fünften Seite des Setup-Menüs wie mit den Möglichkeiten des Windows-Explorers neu formatiert werden.

Drücken Sie bei Windows die rechte Maustaste, nachdem Sie das Laufwerk markiert haben, in dem sich die Speicherkarte befindet. Rufen Sie dann aus dem Kontextmenü die Option *Formatieren* auf. Ihre Fotos lassen sich übrigens am einfachsten mit dem Windows-Explorer von der Speicherkarte löschen.

Anschlüsse

Auf der linken Seite der Kamera finden Sie hinter einer Abdeckung drei verschiedene Anschlüsse, um die Kamera mit externen Geräten zu verbinden.

Computeranschluss

Der obere Anschluss im Fach auf der linken Kameraseite dient als USB-Schnittstelle zum Verbinden der Kamera mit einem Rechner. Ist die α6100 an den PC angeschlossen, können Sie beispielsweise Fotos auf den Rechner übertragen. Sie müssen also die SD-Karte nicht zwingend entnehmen, um Bilder herunterladen zu können. Außerdem wird der Anschluss genutzt, um den Akku aufzuladen, wenn die Kamera ausgeschaltet ist.

1 Verbinden Sie die Kamera über das mitgelieferte USB-Kabel mit dem PC. Wenn Sie die α6100 einschalten, stellt sie die Verbindung zum Rechner her. Nach dem Bestätigen eines Info-Bildschirms sehen Sie die auf der nächsten Seite rechts gezeigte erfolgreiche Verbindung zum Rechner.

2 Nach dem erfolgreichen Verbinden installiert Windows automatisch die notwendigen Treiber. Anschließend finden Sie die Kamera im Ordnerfenster wieder.

3 Sie können nun die Bilder herunterladen, als wenn Sie Bilder von einer Festplatte verschieben.

4 Auf der vierten Seite der Setup-Registerkarte finden Sie vier Funktionen, die sich auf den USB-Anschluss beziehen. Im Normalfall werden Sie die vorgegebenen Einstellungen allerdings nicht ändern müssen. Die Option *USB-Verbindung* brauchen Sie nur anzupassen, falls die Verbindung zum PC nicht automatisch klappt. Probieren Sie es dann mit der *MTP*-Funktion.

5 Die Option *PC-Fernbedienung* ist nötig, wenn Sie die Sony mit der Software Remote Camera Control vom Rechner aus fernsteuern wollen. Sie können dabei die Kamera vom Rechner auslösen. »Tethered Shooting« nennt der Fachmann dieses Verfahren. Sie können die Software von der Sony-Webseite herunterladen (www.sony.de). Mit der Funktion *PC-Fernb.-Einstlg.* legen Sie fest, ob die Bilddaten nur auf dem PC oder auch auf der Speicherkarte der Kamera gesichert werden sollen.

Optionen

Die zweite Option im Untermenü ist nur verfügbar, wenn Sie bei der Option *Standb. Speicherziel* die Option *PC+Kamera* eingestellt haben.

6 Im Untermenü *USB-LUN-Einstlg.* können Sie die Option *Einzeln* ausprobieren, falls Sie Probleme bei der Verbindung haben. Damit wird die Kompatibilität der Verbindung erhöht. Wichtig ist auch die Option *USB-Stromzufuhr.* Nur wenn die Option aktiviert ist, können Sie den Rechner nutzen, um per USB-Verbindung den Akku zu laden.

Kabelfernauslöser

Sony bietet für die α6100 verschiedene Kabelfernauslöser an, die beispielsweise für Langzeitbelichtungen oder Tabletop-Aufnahmen sehr hilfreich sind, um Verwacklungen zu vermeiden oder zu reduzieren. Der Fernauslöser RM-VPR1 ist für etwa 60 Euro zu erwerben. Der Fernauslöser wird übrigens über den oberen Anschluss im Fach mit der Kamera verbunden.

HDMI

Der zweite Anschluss im Fach ist der HDMI-Anschluss (HDMI steht für High-Definition Multimedia Interface). Sie können ihn nutzen, um die α6100 an hochaufgelöste HDTV-Fernsehgeräte anzuschließen. Das ist praktisch, wenn Sie Bilder am Fernseher ansehen wollen. Das benötigte Micro-HDMI-Kabel müssen Sie aber gesondert im Fachhandel kaufen.

1 Auf der dritten Seite des Setup-Menüs finden Sie verschiedene Optionen für die HDMI-Einstellungen – sie sind im Untermenü der Funktion *HDMI-Einstellungen* untergebracht, das Sie rechts abgebildet sehen.

2 Wählen Sie im ersten Untermenü die Auflösung. Im Normalfall ist die *Auto*-Einstellung gut geeignet, bei der die Sony die Auflösung des angeschlossenen Fernsehgerätes automatisch erkennt.

Abends. *Betrachten Sie Ihre schönsten Fotos auf einem hochauflösenden HDMI-Gerät.*

50 mm | ISO 100 | 1/160 Sek. | f 6.3

3 Mit der Funktion *HDMI-Infoanzeige* legen Sie fest, ob die Aufnahmeinformationen angezeigt werden oder nicht.

4 Sie können den HDMI-Ausgang nicht nur nutzen, um die Bilder auf einem hochauflösenden Fernsehgerät zu betrachten. Es ist zusätzlich auch möglich, Videoaufnahmen auf einem externen Rekorder aufzunehmen, was für professionelle Filmer interessant ist.

5 Die letzte Option – *STRG FÜR HDMI* – sorgt dafür, dass die Kamera mit der Fernbedienung des Fernsehers gesteuert werden kann.

Die Fernsehnorm

Auf der zweiten Seite der Setup-Registerkarte ist die Funktion *NTSC/PAL-Auswahl* zu finden. Hier wird die erforderliche Videonorm eingestellt. In Deutschland gilt die PAL-Norm – in Amerika wird dagegen die NTSC-Norm verwendet. Die PAL-Norm ist die Standardvorgabe. Nach dem Einschalten von Kamera und Fernseher aktivieren Sie den Wiedergabemodus der α6100. Die ausgewählten Fotos können nun am Fernseher betrachtet werden. Wird die Kamera mit einem Rekorder verbunden, lassen sich sogar Diapräsentationen aufzeichnen. Natürlich müssen Sie dabei beachten, dass die Akkuladung ausreicht.

Externe Mikrofone

Die Tonaufzeichnung mit dem integrierten Mikrofon ist nicht perfekt. Das liegt in der Natur der Sache und lässt sich nicht vermeiden. Wenn Sie häufiger Videofilme samt Ton aufzeichnen, könnte daher die Anschaffung eines zusätzlichen Mikrofons sinnvoll sein.

Sony bietet mit dem Modell XYST1M ein Stereomikrofon optional an, das auf den Blitzschuh geschoben wird. Sie sehen es in der nebenstehenden Abbildung. Dieses Mikrofon kostet etwa 130 Euro. Mitgeliefert wird außerdem ein Windschutz, der über das Mikrofon geschoben werden kann. Das Mikrofon wird über den unteren Anschluss im Fach mit der Kamera verbunden.

Die Blitzoptionen

Wenn das natürliche Licht nicht ausreicht, können Sie den kleinen integrierten Blitz nutzen, der nach vorne und oben ausklappt – Sie sehen dies im Bild rechts. Sie erreichen die Blitzoptionen, wenn Sie die Funktion *Blitzmodus* auf der achten Seite der Kameraeinstellungen aufrufen. In dem Menü werden fünf verschiedene Optionen angeboten.

Haben Sie im Menü der Belichtungsprogramme eine der beiden Vollautomatiken eingestellt, sind die drei ersten Optionen verfügbar, wie Sie es im folgenden unteren linken Bild sehen. Wurden die Belichtungsprogramme eingestellt, sind die drei letzten Optionen aktivierbar, wie im folgenden unteren rechten Bild zu

Funktionstaste

Der Aufruf der Blitzoptionen über das Menü der Funktionstaste ist meist die schnellere Variante, weil Sie sich so das Scrollen im Menü ersparen.

sehen. Werden die Blitzoptionen über die Funktionstaste aufgerufen, nutzen Sie die oben rechts gezeigte Ansicht.

Aus

Mit dieser Option deaktivieren Sie das Blitzgerät. Die Option ist nur nützlich, wenn Sie den Blitz nicht einklappen wollen. Dafür gibt es aber eigentlich keinen Grund.

Auto-Option

Bei den beiden Vollautomatiken ist die Option *Blitz-Automatik* sinnvoll. In diesem Modus wird der Blitz automatisch ausgelöst, wenn schwaches Umgebungslicht dies erforderlich macht. Das gilt für wenig Licht ebenso wie für Gegenlichtaufnahmen, wenn Sie beispielsweise ein Porträt aufhellen wollen. Da Sie in diesem Modus keine Kontrolle darüber haben, wann der Blitz ausgelöst wird, ist der *Aufhellblitz* sinnvoller.

Aufhellblitz

Dies ist die nützlichste Funktion, da Sie hier selbst festlegen, wann geblitzt wird und wann nicht. Daher können Sie diese

Option als Standardeinstellung nutzen. Ist der Blitz aufgeklappt, wird in jedem Fall ausgelöst – unabhängig davon, ob die Lichtverhältnisse dies erfordern. So können Sie Szenen aufhellen, wie beim Beispielbild unten, das bei normalem Tageslicht entstanden ist.

Wenn Sie eine Szene mit dem Blitz aufhellen wollen, klappen Sie den internen Blitz einfach auf – wenn nicht, klappen Sie ihn wieder zu.

Langzeitsynchronisation

Die Option *Langzeitsync.* nutzt den Aufhellblitz mit einer langen Verschlusszeit. Dies erzeugt in vielen Fällen natürlichere Bilder. So kann der Blitz das Hauptmotiv gut ausleuchten – die lange Verschlusszeit sorgt dafür, dass das Umfeld nicht zu dunkel gerät. Gegebenenfalls müssen Sie hier allerdings auf ein Stativ zurückgreifen, wenn die lange Belichtungszeit dies erfordert. So vermeiden Sie Verwacklungsunschärfen.

Synchronisation auf den zweiten Vorhang

Standardmäßig ist es so, dass der Blitz gezündet wird, wenn der Verschluss geöffnet wird. Wenn Sie die Option Synchronisation

Blitzmodus
Langzeitsync.

SLOW
REAR

⬍ Auswahl ● Eingabe MENU Abbr.

⬇ **Blitz.** *Mit der »Aufhellblitz«-Option lassen sich Szenen aufhellen.*

50 mm | ISO 100 | 1/60 Sek. | f 5.6 | int. Blitz

auf zweiten Vorhang (*Sync 2. Vorh.*) aktivieren, wird der Blitz erst am Ende des Belichtungsvorgangs gezündet. Wenn sich Motive bewegen, entsteht dabei ein Lichtschweif hinter dem Motiv, was einige Fotografen gerne als »künstlerischen Effekt« nutzen, weil es natürlicher wirkt.

Blitzleistungskorrektur

Über die zweite Funktion auf der achten Seite der Kameraeinstellungen erreichen Sie die Funktion *Blitzkompens.*, die Sie einsetzen können, um die Blitzmenge zu steuern. Dabei sind Korrekturen in Drittelschritten von −3 bis +3 Lichtwerten möglich. So lässt sich die Blitzlichtmenge sehr nuanciert steuern.

Rote-Augen-Reduktion

Ebenfalls auf der achten Seite der Kameraeinstellungen finden Sie die Option *Rot-Augen-Reduz.* Die Option ist beim Modus *Sync 2. Vorh.* nicht verfügbar.

Die Option verhindert mit einem Vorblitz, dass der unschöne Rote-Augen-Effekt entsteht, wenn Sie Personen porträtieren. Es ist empfehlenswert, diesen Modus bei Porträtaufnahmen zu aktivieren. Falls dennoch »Flamingoaugen« entstehen, können Sie diese nachträglich per Bildbearbeitung entfernen. Alle Bildbearbeitungsprogramme verfügen über entsprechende Funktionen.

Detailaufnahmen

Menschen sehen mit ihren Augen immer eine »Gesamtszene«. Daher wirken Fotos besonders interessant, die Details der Gesamtszene zeigen, weil diese in natura schnell übersehen werden können. Damit gelungene Detailaufnahmen entstehen, müssen Sie Ihr Auge schulen – auf Anhieb gelingt das Erkennen in den wenigsten Fällen.

Wenn Sie ein Motiv gefunden haben, ist es empfehlenswert, viele verschiedene Aufnahmen von unterschiedlichen Ansichten zu machen. Oft ist es so, dass ein Bildausschnitt in Wirklichkeit interessanter erscheint als später am Rechner. Wenn Sie viele verschiedene Bilder aus unterschiedlichen Positionen machen, können Sie später am Rechner das schönste Foto heraussuchen. Um Detailaufnahmen schießen zu können, sollten Sie nahe genug an das Motiv herangehen oder heranzoomen.

Programm	Zoom	ISO	Blende	Verschlussz.
Zeitautomatik	Tele o. Makrooption	niedrig	eher zu	eher länger

Detailaufnahmen mit der Sony α6100

Einschränkungen gibt es beim Fotografieren von Details mit der α6100 nicht. Da Sie die Objektive wechseln können, setzen Sie beispielsweise ein Teleobjektiv ein, um nah an die Details heranzukommen.

Fototipp

Motive finden
Motive für Detailaufnahmen finden Sie überall. So können Sie beispielsweise statt eines gesamten Gebäudes auch nur eine interessante Tür oder ein Fensterdetail aufnehmen – wie etwa ungewöhnlich lackiertes Holz oder einen schönen Fenstergriff.

⬇ Detail. *Das Foto entstand bei einem Opel-GT-Treffen.*

70 mm | ISO 100 | $1/_{640}$ Sek. | f 5.3

50 mm | ISO 1250 | 1/2000 Sek. | f 9

5 Die Aufnahme-
informationen

Über die DISP-Taste erreichen Sie die Aufnahmeinformationen. Hier haben Sie die Möglichkeit, diverse Einstellungen »auf die Schnelle«
vorzunehmen. Wie das klappt, erfahren Sie
in diesem Kapitel.

Schneller Zugriff

Mit der Funktionstaste haben Sie die Möglichkeit, zwölf wichtige Kameraeinstellungen schnell vorzunehmen. Das ist sehr praktisch, weil Sie damit Zeit sparen, da der Umweg über das Menü entfällt.

Sie haben aber noch eine weitere interessante Möglichkeit, um noch viel mehr Optionen »auf die Schnelle« anzupassen. Dazu dient das sogenannte Quick-Navi-Menü, das Sie über die

DISP-Taste erreichen. Sie lernen die Möglichkeiten, die sich damit bieten, in diesem Kapitel näher kennen.

Die einzelnen Funktionen, die in dieser Ansicht bereitstehen, werde ich in diesem Kapitel aber nicht genauer beschreiben, weil Sie sie in den kommenden Kapiteln detailliert kennenlernen werden.

Die Option »Für Sucher« aktivieren

Die Idee, die dem Quick-Navi-Menü zugrunde liegt, ist folgende: Wenn Sie hauptsächlich den Sucher nutzen, um die Szene zu analysieren, benötigen Sie den Monitor nicht. So kann dessen große Fläche genutzt werden, um viele verschiedene Parameter anzuzeigen. So mag die Funktion *Für Sucher* zunächst ein wenig irreführend erscheinen. Mit der Erklärung wird sie aber verständlich.

Die Option ist standardmäßig aktiviert. Andernfalls können Sie die Funktion *Taste DISP* auf der sechsten Seite der Benutzereinstellungen und dort das Untermenü *Monitor* aufrufen. Achten Sie darauf, dass die nachfolgend rechts markierte Option aktiviert wurde.

Personalisieren

Im Gegensatz zum Menü der Funktionstaste kann die Ansicht *Für Sucher* übrigens nicht verändert werden.

Über das *Sucher*-Untermenü der Funktion *Taste DISP* erreichen Sie die nachfolgend links gezeigte Ansicht. Hier fehlt die Option *Für Sucher*. Das ist verständlich, da Sie ja beim Blick durch den Sucher die Szene nicht mehr beurteilen könnten, wenn das Quick-Navi-Menü den gesamten Bereich des Suchers ausfüllt.

Um das Quick-Navi-Menü aufrufen zu können, drücken Sie die DISP-Taste mehrfach, bis die rechts gezeigte Ansicht erscheint. Wenn Sie die Standardeinstellungen verwenden, ist ein dreimaliges Drücken nötig.

Das Quick-Navi-Menü zeigt eine umfangreiche Übersicht über die wichtigsten eingestellten Aufnahmeparameter. Zusätzlich sehen Sie im unteren Bereich ein Histogramm zur Beurteilung der Tonwerte. Ich habe dies in der rechten Abbildung hervorgehoben.

Detail. *Detailaufnahmen sehen oft interessanter aus als das gesamte Objekt – wie hier bei einer Fassade.*

30 mm | ISO 100 | 1/125 Sek. | f 5.6

Die Informationen des Menüs

Das Quick-Navi-Menü dient zunächst nur dazu, einen Überblick über die Einstellungen zu gewinnen. Die Anzeigen in der Kopfzeile dienen lediglich zur Information – geändert werden können einige der angezeigten Werte nur mit den Optionen im rechten Bereich.

Darunter sehen Sie die eingestellte Blende-Verschlusszeit-Kombination. Haben Sie die Programmverschiebung genutzt, erkennen Sie dies an dem Sternchen rechts neben dem *P*-Symbol – ich habe es im rechten Bild markiert.

Die Einstellungen im rechten Bereich und einige der links untergebrachten lassen sich ändern – dazu erfahren Sie gleich mehr. Wenn Sie die Vollautomatik – nachfolgend links zu sehen – oder den SCN-Modus eingestellt haben, ändert sich die Ansicht im rechten Bereich, da ja in diesen Modi diverse Parameter nicht verstellt werden können.

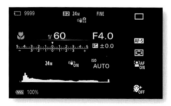 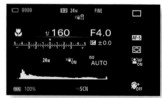

Das Histogramm nutzen

Unten sehen Sie im linken Bereich das Histogramm, das Sie nutzen können, um zu prüfen, ob das Bild korrekt belichtet wird. Links werden im Histogramm die dunklen Tonwerte angezeigt – rechts die hellen. Je höher der Tonwertberg ist, umso häufiger kommt dieser Tonwert vor.

An den Rändern sollten sich keine großen leeren Bereiche befinden, damit ein richtig belichtetes Foto entsteht. Ist links ein leerer Bereich zu sehen, ist das Bild zu hell. Sehen Sie dagegen auf der rechten Seite einen größeren leeren Bereich, ist das Bild zu dunkel. Korrigieren Sie in diesen Fällen für eine neue Aufnahme die Belichtung.

Einstellungen anpassen

Wollen Sie Einstellungen verändern, drücken Sie die Fn-Taste. Je nachdem, welchen Modus Sie mit dem Moduswahlrad eingestellt haben, differiert die Darstellung ein wenig – so sehen Sie nachfolgend links die Programmautomatik und rechts den SCN-Modus.

Links werden zusätzliche Optionen verfügbar, wie Sie es bei den beiden vorherigen Abbildungen sehen. So können Sie beispielsweise auch die Bildgröße und die ISO-Einstellungen variieren.

Wolkenformationen. Prüfen Sie die Aufnahme anhand des Histogramms, um etwaige Fehlbelichtungen festzustellen.

16 mm | ISO 100 | 1/2000 Sek. | f 5.6

Navigieren Sie durch Drücken des Einstellrads zwischen den verschiedenen Optionen. Die aktive Option wird orangefarben hervorgehoben.

Um die Einstellungen zu verändern, haben Sie verschiedene Möglichkeiten, die Sie in der Fußzeile erkennen. Das Symbol, das im Bild links markiert ist, zeigt an, dass Sie das Einstell- oder Drehrad zum Ändern drehen können.

Alternativ dazu können Sie auch die SET-Taste drücken, um das nachfolgend links gezeigte Menü zu öffnen, in dem alle verfügbaren Optionen am linken Rand angeordnet sind.

Wird das Einstellrad gedreht, sehen Sie dagegen die nachfolgend rechts gezeigte Ansicht. Die Optionen sind dabei im oberen linken Bereich untergebracht.

Gibt es mehrere Optionen für die ausgewählte Funktion, können Sie diese durch Drücken der SET-Taste variieren.

Wählen Sie im links gezeigten Beispiel die *Serienreihe* mit dem Einstellrad aus, um dann im rechten Bereich die gewünschte Bildanzahl und Belichtungseinstellungsunterschiede auszuwählen, die Sie bereits in Kapitel 4 kennengelernt haben.

Die verfügbaren Optionen

Folgende Parameter lassen sich im Quick-Navi-Menü anpassen:

- Die Belichtungskorrektur. Dabei wird zwischen Belichtungskorrektur und Blitzbelichtungskorrektur unterschieden. Drücken Sie das Einstellrad oben oder unten, um zwischen den beiden Optionen zu wechseln. Im Bild links wurde die Belichtungskorrektur aktiviert.

- Im linken Feld darunter variieren Sie die Bildgröße, im mittleren Feld wird die SteadyShot-Option aktiviert oder deaktiviert und im rechten Feld der ISO-Wert eingestellt.

- Die linke Spalte am rechten Rand beherbergt die Optionen zum Bildfolgemodus, die Blitzoptionen sowie die Optionen zum Fokusmodus und den Fokusfeldern. Außerdem aktivieren Sie die Gesichter-/Augenerkennung und die geräuschlose Auslösung. Mit der letzten Option aktivieren Sie den Soft Skin-Effekt.

- In der rechten Spalte finden Sie den Belichtungsmessmodus und die Einstellungen für den Weißabgleich. Die dritte Aktion aktiviert die DRO/HDR-Optionen. Dann folgen die Kreativmodi sowie die Bildeffekte. Am Ende der Liste finden Sie zwei Optionen zum Festlegen des Seitenverhältnisses sowie zur Bildqualität.

Waschbär im Zoo. Stellen Sie beispielsweise die Messmethode sehr schnell im Quick-Navi-Menü ein.

50 mm | ISO 200 | 1/500 Sek. | f 4.5

6 Die Kamera-einstellungen

Das Menü mit den Kameraeinstellungen der α6100 ist mit sehr vielen Funktionen gefüllt. Welche davon besonders wichtig und welche eher redundant sind, erfahren Sie in diesem Kapitel.

Personalisieren

Die α6100 bietet im Menü der Kameraeinstellungen diverse Optionen an. Fast alles, was Sie für die Aufnahme personalisieren wollen, lässt sich einstellen. Das Menü ist prall gefüllt mit Funktionen – 56 an der Zahl. Es gibt dort viele wichtige Funktionen. Redundante Optionen finden Sie auf dieser Registerkarte nur wenige.

Sie sollten sich vor der ersten Aufnahme auf jeden Fall einen Moment Zeit nehmen, um im Menü der Kameraeinstellungen die passenden Konfigurationen vorzunehmen. Einige der standardmäßig vorgegebenen Werte sind nämlich in der Praxis nicht optimal.

Da viele der Optionen vermutlich nur ein einziges Mal geändert werden müssen, hält sich der Aufwand in Grenzen.

Ich werde Ihnen in diesem Kapitel die Einstellungen vorstellen, die besonders wichtig und nützlich sind, und gebe Ihnen jeweils Hinweise für die geeigneten Optionen. Einige Funktionen haben Sie bereits in den letzten Kapiteln kennengelernt – diese Funktionen werden deshalb hier nur kurz angerissen.

Die Optionen der Funktionstaste

Zwölf besonders häufig benötigte Funktionen aus dem Menü der Kameraeinstellungen erreichen Sie über die Funktionstaste links über dem Einstellrad.

Der Aufruf über die Funktionstaste ist schneller und leichter – Sie ersparen sich damit nämlich das Navigieren zwischen den elf Seiten der Kameraeinstellungen.

Wenn Sie die DISP-Taste mehrfach drücken, erreichen Sie das Quick-Navi-Menü, das Sie bereits im letzten Kapitel näher kennengelernt haben. Hier finden Sie sehr viele der vorgenommenen Einstellungen in einer Übersicht vor und können sie auch ändern.

Die Menübedienung

Sie erreichen die erste Registerkarte – auf der die Kameraeinstellungen untergebracht sind – indem Sie das Einstellrad oben drücken, nachdem das Menü mit der MENU-Taste aufgerufen wurde.

Da die Funktionen sehr vielseitig sind, sind sie auf mehreren Seiten untergebracht. Sie erkennen das an der Zahl oben und den Punkten in der Fußzeile. Ich habe dies im nachfolgenden rechten Bild markiert.

Um zwischen den elf Seiten der Kameraeinstellungen zu navigieren, drücken Sie das Einstellrad links oder rechts. Alternativ dazu können Sie das Einstellrad auch drehen. Zudem ist die Navigation mit dem Drehrad möglich. Suchen Sie sich die bequemste Variante aus.

⬇ **Lessing-Theater, Wolfenbüttel.** *Schon mit den Standardeinstellungen produziert die α6100 brillante Ergebnisse.*

37 mm | ISO 100 | 1/400 Sek. | f 10

Bildgröße

Die α6100 bietet verschiedene Bildgrößen und Seitenverhältnisse an. Die Empfehlung kann hier nur lauten: Es sollte die bestmögliche Qualität eingestellt werden – also die 24,2-Megapixel-Variante, die mit einem L gekennzeichnet wird. Der einzige Grund, nicht die maximale Bildgröße zu wählen, ist Speichermangel. Wenn Sie mit der α6100 fotografieren, kommen Sie allerdings um größere Speicherkarten von mindestens 16 oder noch besser 32 GByte sowieso kaum herum. Im Prinzip gibt es keinen anderen Grund, auf die kleineren Bildgrößen zurückzugreifen. Da Sie vermutlich vorher nicht ganz sicher wissen, wofür Sie ein Foto später einmal verwenden, sollte immer die größte Variante eingestellt werden – ohne Qualitätsverlust lassen sich die Ergebnisse nämlich nachträglich nicht vergrößern.

Sie können Bilder aber nachträglich leicht mithilfe einer Bildbearbeitungssoftware verkleinern, während ein nachträgliches Vergrößern keinen Sinn ergibt, weil Details des Bildes unwiderruflich verloren sind. Nur wenn Sie sicher sind, dass Sie die Fotos später nicht in einer größeren Variante benötigen, können Sie die kleineren Bildgrößen einsetzen.

Seitenverhältnis

Bei den Seitenverhältnissen 16:9 und 1:1 ist es so, dass die α6100 einfach Teile des originalen 24,2-Megapixel-Bildes abschneidet. Insofern ist auch hier das nachträgliche Zurechtschneiden am Rechner die bessere Lösung.

Die Kombinationen

Durch die drei Bildgrößen und die drei Seitenverhältnisse ergeben sich neun Kombinationsmöglichkeiten. In der Liste auf der nächsten Seite finden Sie die verschiedenen möglichen Kombina-

tionen. Dabei habe ich auch aufgelistet, bis zu welcher Größe die Bilder in guter (200 dpi) oder in perfekter (300 dpi) Bildqualität ausgedruckt werden können. Sie sehen an den Werten, dass Sie die Bilder durch die 24,2 Megapixel sehr groß ausdrucken können. Sie werden die Maximalgrößen wohl nur selten ausnutzen.

Bildgrößen			
Kombin.	Größe	200 dpi	300 dpi
3:2/L	6.000 x 4.000 Pixel	76 x 51 cm	51 x 34 cm
3:2/M	4.240 x 2.832 Pixel	54 x 36 cm	36 x 24 cm
3:2/S	3.008 x 2.000 Pixel	38 x 26 cm	26 x 17 cm
16:9/L	6.000 x 3.376 Pixel	76 x 43 cm	51 x 29 cm
16:9/M	4.240 x 2.400 Pixel	54 x 31 cm	36 x 20 cm
16:9/S	3.008 x 1.688 Pixel	38 x 21 cm	26 x 14 cm
1:1/L	4.000 x 4.000 Pixel	51 x 51 cm	34 x 34 cm
1:1/M	2.832 x 2.832 Pixel	36 x 36 cm	24 x 24 cm
1:1/S	2.000 x 2.000 Pixel	26 x 26 cm	17 x 17 cm

dpi

dpi bedeutet dots per inch (2,54 cm) und ist das Maß für die Auflösung von Bildern. Je höher dieser Wert ist, umso mehr Details enthält das Bild. Ist der Wert zu niedrig, werden die einzelnen Pixel des Bildes sichtbar.

Die Bildqualität

Ein Thema, über das sehr gerne sehr viel diskutiert wird, sind die JPEG-Bildqualitätsstufen. Andererseits sollte man darüber eigentlich nur marginal diskutieren. Wenn Sie ein Auto mit 300 PS besitzen, überlegen Sie ja auch nicht, auf freier Auto-

🔲 **Herbst.** *Gehen Sie bei den Qualitätseinstellungen keinen Kompromiss ein.*

16 mm | ISO 100 | 1/200 Sek. | f 9

bahn Ihre Geschwindigkeit freiwillig auf 50 km/h zu begrenzen, oder? Und so ergibt es wenig Sinn, bei einer Kamera wie der Sony α6100 eine geringere Qualitätsstufe einzustellen als *Extrafein*. Hinzu kommt, dass die Preise für Speicherkarten und Festplatten derart gefallen sind, dass auch riesig große Fotobestände sehr preisgünstig gesichert werden können.

Und selbst bei den 24,2 Megapixeln der α6100 dauert es schon eine ganze Weile, ehe Sie zum Beispiel eine 1-TByte-Festplatte mit Fotos gefüllt haben, die heute für etwa 50 Euro erhältlich ist. Für ungefähr die Hälfte erhalten Sie auch eine 16-GByte-SD(HC)-Speicherkarte mit einer sehr guten Schreibgeschwindigkeit. Darauf finden (je nach Motiven) etwa 800 JPEG-Fotos in *Extrafein*-Qualität Platz – dies sollte für viele »normale Fototouren« ausreichend sein.

Außerdem sollten Sie bedenken, dass Sie – falls es beispielsweise bei Webveröffentlichungen wirklich nötig ist – die Qualität nachträglich jederzeit reduzieren können. Ist ein Foto aber erst einmal in einer niedrigeren Qualitätsstufe gespeichert, kann es nachträglich nicht mehr verbessert werden.

RAW & JPEG

Es ist durchaus sinnvoll, auch ein JPEG mitzuspeichern, wenn Sie nach dem Übertragen auf den PC gleich eine »fertige« Bildvariante haben möchten.

Keine Unterschiede

Da die Unterschiede der JPEG-Qualitätsstufen der α6100 auch bei starker Vergrößerung im Druck nicht zu erkennen sind, verzichte ich auf Bildbeispiele. Die Unterschiede sind selbst am Monitor nur bei bestimmten Motiven und sehr schwer zu erkennen.

Die Qualitätsstufen

Wählen Sie mit der *Dateiformat*-Funktion aus, ob Sie die Bilder im RAW- oder im JPEG-Dateiformat aufnehmen wollen. Für RAW-Bilder gibt es eine Variante, dass zusätzlich ein JPEG-Bild mit der Qualitätseinstellung *Fein* gespeichert werden soll. Zudem haben Sie die Option, nur ein RAW-Bild oder nur ein JPEG-Bild aufzuzeichnen.

JPEG-Bilder

Haben Sie das JPEG-Format ausgewählt, können Sie die Option *JPEG-Qualität* nutzen. Hier haben Sie drei Qualitätsstufen zur Auswahl. Mit der *Extrafein*-Option erhalten Sie die beste Bildqualität, da hier nur eine geringe Komprimierung vorgenommen wird. Dadurch entstehen natürlich größere Dateien. Bei

Die Komprimierung

Je stärker die Komprimierung der JPEG-Bilder eingestellt ist, umso eher fallen die Artefakte auf, die durch das Zusammenfassen von Pixeln entstehen. JPEG

bildet eine 8 x 8 Pixel große Matrix und untersucht dort die Helligkeitsunterschiede benachbarter Pixel. Je geringer die Farbunterschiede sind, umso eher werden die Pixel zu einem Farbton zusammengefasst. Dadurch entstehen die Artefakte.

In der Abbildung sehen Sie links einen extrem stark vergrößerten Bildausschnitt eines unkomprimierten Fotos – rechts wurde mithilfe eines Bildbearbeitungsprogramms eine hohe Komprimierung eingestellt. Das Originalbild sehen Sie rechts unten.

Bei keiner der Qualitätsstufen, die die α6100 anbietet, würden so stark sichtbare Effekte auch nur annähernd entstehen. Ich wollte hier lediglich die Auswirkung der JPEG-Komprimierung erläutern. Sollte also wirklich einmal »Not am Mann« sein, können Sie ruhig auch einmal die niedrigeren Qualitätsstufen verwenden (natürlich mit einem gewissen geringen Qualitätsverlust).

der *Standard*-Option werden die Bilder dagegen stärker komprimiert. Ich empfehle Ihnen die *Extrafein*- oder *Fein*-Option, um die bestmögliche Bildqualität zu erhalten.

RAW-Bilder

Viele Fotografen arbeiten gerne mit dem RAW-Format, das die »Rohdaten« der Bilder enthält. Falls hier Bildoptimierungen vorgenommen wurden, werden diese nicht am Bild selbst angewendet, sondern in die RAW-Bildbeschreibung übernommen. So lassen sich die Optimierungen nachträglich anpassen. Sony versieht die RAW-Bilder mit der Dateiendung *.arw*.

Neben der Nachbearbeitungsoption bietet RAW den Vorteil einer größeren Farbnuancierung, was sich besonders in

Entwickeln

RAW-Bilder müssen auf jeden Fall am Rechner entwickelt werden, ehe Sie sie weiterverwenden können. Daher ist das zusätzliche Speichern einer JPEG-Variante durchaus eine Überlegung wert.

den Lichter- und Schattenpartien des Bildes positiv bemerkbar macht. Die Bilder werden nämlich mit einer größeren Farbtiefe (14 Bit) gespeichert. JPEG-Bilder enthalten dagegen nur eine Farbtiefe von 8 Bit.

Farbtiefe

Mit der α6100 können Sie im RAW-Format Bilder mit einer Farbtiefe von 14 Bit aufnehmen. In den meisten Fällen wird Ihnen aber der höhere Dynamikumfang der 14-Bit-Bilder nichts nutzen, da als Endprodukt nur 8-Bit-Bilder verwendet werden können. Das JPEG-Format unterstützt beispielsweise lediglich 8 Bit. Auch Monitore können mit der größeren Nuancierung nichts anfangen, da sie auch meist nur mit 8 Bit pro Farbkanal arbeiten. Auch beim Druck hilft Ihnen die größere Farbtiefe nicht weiter, da die Druckgeräte die höhere Anzahl an Farbnuancen ebenfalls nicht verarbeiten können.

Zu guter Letzt ist auch erwähnenswert, dass selbst das menschliche Auge nicht in der Lage ist, mehr als 8 Bit – dies entspricht 256 Graustufen pro Farbkanal – aufzulösen. Daher werden Sie Unterschiede im Aussehen auch nicht erkennen. Viele Bildbearbeitungsprogramme unterstützen ebenfalls nur die geringere Farbtiefe. Selbst bei professionellen Programmen à la Photoshop gibt es Einschränkungen, wenn Bilder mit einer größeren Farbtiefe bearbeitet werden – einfachere Bildbearbeitungsprogramme unterstützen diesen Modus gelegentlich gar

🔲 **Einkaufspassage.** *Wenn Sie den Weißabgleich nachträglich per Bildbearbeitung einstellen wollen, ist das RAW-Format eine gute Wahl.*

35 mm | ISO 200 | 1/80 Sek. | f 4.5

nicht. Vorteile liefern die Bilder mit größerer Farbtiefe dann, wenn Sie diese hinsichtlich Helligkeit/Kontrast oder Farbe optimieren wollen. Hier gehen weniger Farbtöne verloren als bei 8-Bit-Bildern, da mehr Nuancen zur Verfügung stehen.

Die Panorama-Funktion

Nach dem Aufruf des *Panorama*-Programms mit dem Moduswahlrad werden die beiden nächsten Optionen im Menü der Kameraeinstellungen verfügbar. Bei allen anderen Modi sind sie ausgegraut – also deaktiviert.

1 Die erste Funktion – *Panorama: Größe* – bietet die beiden Optionen *Standard* und *Breit*. Damit legen Sie den Aufnahmebereich fest. Im *Standard*-Modus entsteht ein Panoramabild in einer Größe von 8.192 x 1.856 Pixeln. Bei der *Breit*-Option ist das Ergebnis 12.416 x 1.856 Pixel groß. Sie sehen beide Varianten auf der nächsten Seite.

2 Mit der zweiten Funktion – *Panorama: Ausricht.* – legen Sie die Ausrichtung des Schwenkens fest. So können Sie neben horizontalen auch vertikale Schwenk-Panoramen erstellen, um beispielsweise hohe Gebäude komplett erfassen zu können.

3 Drücken Sie nach dem Aktivieren des Panoramamodus und dem Einstellen der Optionen den Auslöser halb durch. Die α6100 zeigt dann die auf der nächsten Seite unten dargestellte mittlere Ansicht und stellt das Bild scharf. Sie sehen im linken Bild, dass ein größerer – abgedunkelter – Bereich links beim Start des Panoramaschwenks nicht mit aufgenommen wird. Er wird für die spätere Bildmontage mitgenutzt. Zum Starten müssen Sie den Auslöser komplett durchdrücken.

4 Lassen Sie den Auslöser wieder los (oder halten Sie ihn gedrückt, wenn Ihnen diese Variante lieber ist) und schwenken

⬆ **Schwenk-Pano-rama.** *Oben sehen Sie die Größe »Stan-dard« – unten »Breit«.*

16 mm | ISO 100 | 1/200 Sek. | f 6.3

Sie die Kamera langsam – aber gleichmäßig – in die eingestellte Richtung. Wie Sie im rechten Bild sehen, wird ein symbolischer Balken angezeigt, der die Bildbreite kennzeichnet. Während der Aufzeichnung hören Sie, dass die Sony kontinuierlich sehr viele Bilder schießt.

5 Wenn die Aufnahmezeit vorbei ist, wird die Aufnahme automatisch beendet – dabei ist es egal, ob das Panoramabild komplett aufgenommen wurde oder nicht. Bei der Standardbreite dauert der Schwenk etwa 10 Sekunden – in der *Breit*-Variante 15 Sekunden.

Belichtung

Damit ein gleich-mäßig belichtetes Panoramabild ent-steht, wird die Be-lichtung zu Beginn des Schwenks er-mittelt und danach beibehalten. Daher sollten Sie keine all-zu kontrastreiche Szene aussuchen.

6 Ein komplettes Panorama aufzunehmen, wird Ihnen vermutlich nicht auf Anhieb gelingen. Schwenken Sie zu schnell oder zu langsam, wird die Aufnahme abgebrochen und eine entsprechende Fehlermeldung aufgezeichnet. Auch ein nicht korrekt waagerechtes Schwenken der Kamera kann zu Fehlergebnissen führen.

7 Hat der Schwenk geklappt, erstellt die α6100 aus den vielen Aufnahmen des Kameraschwenks eine einzelne Aufnahme und speichert das Ergebnis ab. Anschließend wird das Panoramabild angezeigt.

8 Wird der gesamte Schwenkbereich der Panoramaaufnahme nicht innerhalb der Schwenkzeit ausgefüllt, entsteht ein grauer Bereich am Rand. Ich habe dies in der nachfolgenden rechten Abbildung als »Negativbeispiel« markiert. Wiederholen Sie in solchen Fällen die Aufnahme. Im Beispiel wäre ein schnelleres Schwenken der Kamera besser gewesen.

> **Übung**
> Es ist ganz normal, dass Sie ein wenig Übung benötigen, ehe Sie das Schwenk-Panorama komplettieren können.

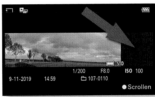

Wenn Sie sich das Bild im Wiedergabemodus ansehen, wird die Gesamtaufnahme angezeigt – so erscheint das Bild sehr klein. Sie sehen das im Bild links.

Natürlich könnten Sie die Ansichtsgröße mit der AEL-Taste vergrößern. Leichter ist es allerdings, wenn Sie die SET-Taste drücken. Dann zeigt die α6100 die Aufnahme mit einem automatischen Bildlauf an. Drücken Sie die SET-Taste zum Pausieren oder die MENU-Taste zum Beenden dieser Ansicht.

Seitenwechsel

Wenn Sie übrigens die letzte Funktion einer Seite erreicht haben und das Einstellrad unten drücken, gelangen Sie nicht – wie man vielleicht vermuten könnte – zur nächsten Funktion, sondern wechseln zum Registerkartenreiter. Um zur nächsten Seite zu gelangen, müssen Sie das Einstellrad rechts drücken. Wollen

Exkurs

Unterschiede des Farbumfangs

Durch den größeren Farbumfang ist der Adobe-RGB-Farbraum gut geeignet, wenn Sie Ihre Fotos oft für den Buch- oder Magazindruck benötigen.

Er wurde von Adobe speziell für die Weiterverarbeitung für den Druck entwickelt. So sind in diesem Farbraum Farben enthalten, die auf dem Monitor nicht dargestellt werden können – zum Beispiel im grünlichen Bereich. Im Buchdruck entstehen so nuanciertere Ergebnisse.

Durch den größeren Farbumfang gehen bei der Umwandlung in das CMYK-Farbmodell nicht so viele Farben verloren wie beim sRGB-Farbraum. Die Umwandlung ist immer nötig, weil nur das RGB-Farbmodell für die Darstellung am Monitor oder auf anderen Bildschirmen – wie beispielsweise Beamer oder Fernseher – geeignet ist.

Bekanntes

Die beiden Funktionen *Langzeit-RM* und *Hohe ISO-RM* wurden bereits auf Seite 63 in Kapitel 2 beschrieben.

Sie zu einer vorherigen Seite wechseln, drücken Sie das Einstellrad links.

Farbraum

Bei der *Farbraum*-Funktion auf der zweiten Seite der Kameraeinstellungen ist standardmäßig der sRGB-Farbraum voreingestellt. Der Farbraum von Adobe RGB stellt eine größere Farbskala dar. Dieser Modus ist für professionelle Anwendungen interessant. Sie müssen allerdings über entsprechende Software zur Weiterverarbeitung verfügen, wie zum Beispiel Photoshop. Es ist empfehlenswert, die Standardeinstellung beizubehalten.

Objektivkompensation

Die Funktion *Objektivkomp.* auf der zweiten Seite können Sie einsetzen, um mehrere Objektivfehler zu korrigieren. Nach dem Aufruf finden Sie das nachfolgend rechts gezeigte Untermenü vor. Die Funktionen sind übrigens nur verfügbar, wenn Sie ein Objektiv mit E-Bajonett montiert haben.

- Mit der *Schattenaufhellung*-Option lassen sich die sogenannten Vignettierungen korrigieren. Wenn Sie mit offener Blende fotografieren, kann es vorkommen, dass die Bildecken abgedunkelt erscheinen. Dieses Manko lässt sich mit dieser Funktion beheben.

- Die Option *Farbabweich.korrek.* dient dazu, die chromatische Aberration zu korrigieren. Als chromatische Aberration bezeichnet man einen Abbildungsfehler von optischen Linsen, der besonders bei Teleobjektiven auftritt. Er hängt von der Farbe und Wellenlänge des Lichts ab. Dabei entstehen bei kontrastreichen Stellen im Bild grüne und rote/violette Farbsäume.

- Mit der Funktion *Verzeichnungskorr.* können Sie die tonnenförmigen Verzeichnungen korrigieren, die bei Weitwinkelaufnahmen entstehen können. Auch die kissenförmigen Verzeichnungen, die beim Einsatz von Teleobjektiven auftreten können, lassen sich mit der Funktion reduzieren.

Verfügbarkeit

Die Funktion *Verzeichnungskorr.* wird bei bestimmten Objektiven automatisch auf *Auto* gestellt und kann nicht verändert werden.

Automatisches Bildextrahieren

Wenn Sie mit der überlegenen Automatik fotografieren, schießt die α6100 mehrere Fotos und speichert standardmäßig am Ende nur eine Aufnahme. Bei der Funktion *Üb. Auto. Bildextrah.* können Sie mit der *Aus*-Option festlegen, dass alle aufgenommenen Bilder auf der Speicherkarte gesichert werden.

Weitere Funktionen

Die nächsten Funktionen auf der dritten Seite der Kameraeinstellungen haben Sie bereits kennengelernt. Die Funktionen

Modus Automatik und Szenenwahl wurden in Kapitel 2 auf Seite 40 und 43 detailliert beschrieben. Die Informationen zur *Bildfolgemodus*-Funktion finden Sie in Kapitel 4 auf Seite 98. Die Funktion *Belicht.reiheEinstlg.* habe ich in Kapitel 2 auf Seite 64 beschrieben.

Intervallaufnahmen erstellen

Die α6100 bietet nun auch eine Möglichkeit, Intervallaufnahmen zu erstellen, die auch Timelapse genannt werden. Damit können Sie in bestimmten Abständen eine festgelegte Anzahl von Fotos aufnehmen und nachträglich am Rechner zu einem Film zusammensetzen.

Rufen Sie die nachfolgend gezeigte Funktion *IntervAufn.-Funkt.* auf, um die Einstellungen vorzunehmen. Nach dem Aufruf der Funktion finden Sie die rechts gezeigten Optionen im Untermenü vor.

Folgende Parameter können Sie anpassen:

● Aktivieren Sie mit der ersten Funktion im Untermenü die Intervallaufnahme.

● Legen Sie mit der zweiten Funktion fest, wann die Intervallaufnahme nach dem Drücken des Auslösers gestartet werden soll.

● Mit der *Aufnahmeintervall*-Option wird die Zeitspanne zwischen den Aufnahmen eingestellt.

● Die Anzahl der Aufnahmen wird mit der vierten Funktion im Untermenü eingestellt.

● Die Funktion *AE-Verf.empfindl.* legt fest, wie die Belichtung bei sich ändernden Lichtverhältnissen angepasst werden soll.

Wenn Sie die Option *Niedrig* aktivieren, werden die Belichtungs-änderungen während der Intervallaufnahme weicher.

- Nutzen Sie die Funktion *GeräuschlAufn. Intv.* auf der zweiten Seite des Untermenüs, wenn die Bilder geräuschlos aufgenommen werden sollen.

- Die letzte Option bestimmt, wie verfahren wird, wenn beim Einsatz der Programm- oder der Zeitautomatik eine längere Belichtungszeit als das eingestellte Intervall entsteht. Wird die Option *Aufn.interv.-Prior.* aktiviert, wird das Aufnahmeintervall bevorzugt.

Benutzereinstellungen

Auf der vierten Seite der Kameraeinstellungen finden Sie zwei sehr nützliche Optionen. Die Personalisierung gehört bei anspruchsvollen Kameras inzwischen zum Standard. So können Sie drei eigene Kameraeinstellungen zusammenstellen, auf die Sie dann einen schnellen Zugriff haben. Damit entfällt das aufwendige Umstellen von Parametern, wenn Sie häufiger mit

⚐ Landschaft.
Stellen Sie sich für Themen, die Sie häufig fotografieren, eigene Benutzereinstellungen zusammen.

50 mm | ISO 100 | 1/1250 Sek. | f 9

denselben Konfigurationen arbeiten wollen. Dabei ist es sehr praktisch, dass Sie gleich drei verschiedene benutzerdefinierte Einstellungen speichern können. So können Sie für Ihre wichtigsten Aufnahmesituationen die gewünschten Parameter zusammenstellen. Wenn Sie also beispielsweise besonders häufig Landschafts- oder Makroaufnahmen machen, stellen Sie die dafür nötigen Parameter zusammen. Praktisch ist außerdem, dass Sie vier weitere Benutzereinstellungen auf der Speicherkarte sichern und von dort wieder laden können. Sie müssen dabei natürlich darauf achten, die richtige Speicherkarte einzulegen.

Sie erreichen die drei benutzerdefinierten Einstellungen mit dem Moduswahlrad über die *MR*-Option. Sie ist in der Abbildung links markiert. Die Benutzereinstellung ist recht praktisch, weil so das ständige Wechseln vieler Parameter entfallen kann und Sie dadurch schneller für eine spezielle Aufgabenstellung gewappnet sind.

Für die Benutzereinstellungen können alle Modi gewählt werden, die Sie über das Moduswahlrad erreichen – also beispielsweise die Belichtungsprogramme *P*, *A* oder *S*. Die folgenden Funktionen lassen sich speichern, wenn Sie die Benutzereinstellungen einsetzen.

Programmverschiebung

Eine eventuell eingestellte Programmverschiebung wird übrigens nicht gespeichert.

- Das eingestellte Belichtungsprogramm sowie – je nach Belichtungsprogramm – die eingestellte Blende und Verschlusszeit.

- Sämtliche Einstellungen im Menü der Kameraeinstellungen sowie sämtliche Einstellungen im Menü der Benutzereinstellungen. Um die Benutzereinstellungen anzupassen und zu sichern, sind die folgenden Arbeitsschritte notwendig:

1 Stellen Sie alle verfügbaren Parameter nach Ihren Wünschen zusammen.

2 Wählen Sie zum Abschluss aus dem Menü der Kameraeinstellungen die *Speicher*-Funktion.

3 Nach dem Aufruf der Funktion wird die nachfolgend rechts abgebildete Übersicht der eingestellten Parameter angezeigt. In der Kopfzeile sehen Sie den aktiven Speicherplatz. Um einen anderen Speicherplatz zu wählen, drücken Sie das Einstellrad rechts.

4 Die vier Einträge *M1* bis *M4* kennzeichnen die Einstellungen, die auf der Speicherkarte gesichert werden. Drücken Sie zum Bestätigen abschließend die SET-Taste. Wiederholen Sie die Vorgehensweise gegebenenfalls für die anderen Benutzereinstellungen oder die Benutzereinstellungen, die Sie auf der Speicherkarte sichern wollen.

5 Um die Benutzereinstellungen anzuwenden, drehen Sie das Moduswahlrad auf die *MR*–Stellung. Im Menü der Kameraeinstellungen wird dann die *Abruf*-Option verfügbar. Alternativ dazu können Sie auch die Funktionstaste drücken. Rufen Sie dort die letzte Option auf, die im folgenden mittleren Bild markiert ist.

6 Drücken Sie die SET-Taste, um auszuwählen, welche der gespeicherten Konfigurationen Sie nutzen wollen. Dann wird wieder die zuvor gezeigte Übersicht eingeblendet, in der Sie übrigens zu weiteren vorhandenen Einstellungen scrollen können – wie Sie im Bild oben rechts sehen.

7 Natürlich sind die Einstellungen nicht »starr«. Sie können also nach dem Aufruf einer Benutzereinstellung einzelne Parameter anpassen. Wird die Benutzereinstellung aber erneut aufgerufen, kehren Sie zu den gespeicherten Einstellungen zurück.

8 Welche Benutzereinstellung verwendet wird, erkennen Sie am nachfolgend markierten Symbol. Im rechten Bild wurde eine Einstellung von der Speicherkarte geladen – *M1*.

Bekanntes

Die Autofokus-Optionen auf der fünften und sechsten Seite der Kameraeinstellungen wurden bereits in Kapitel 3 beschrieben – die Belichtungskorrektur auf der siebten Seite in Kapitel 2, ebenso wie die Funktionen *Messmodus, Belicht. stufe* und *AEL mit Auslöser*. Die Blitzoptionen auf der achten Seite haben Sie in Kapitel 4 kennengelernt.

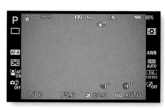

Einstellungen ändern

Falls Sie im Lauf der Zeit bemerken, dass einige vorgenommene Einstellungen ungünstig sind, können Sie jederzeit neue Einstellungen vornehmen. Gehen Sie dazu folgendermaßen vor:

1 Rufen Sie die unveränderten Benutzereinstellungen auf. Dazu reicht es, dass Sie kurz einen anderen Modus auf dem Moduswahlrad einstellen.

2 Nehmen Sie die gewünschten Veränderungen vor. Speichern Sie dann die neuen Einstellungen mit der *Speicher*-Funktion. Die bestehenden Einstellungen werden dann überschrieben.

ISO-Empfindlichkeit

ISO-Automatik

Für Fotografen mit ein wenig Erfahrung ist diese Option sicherlich nicht zu empfehlen, da Sie dann nicht mehr die Kontrolle über den ISO-Wert haben, der letztlich ja auch für die Bildqualität verantwortlich ist. Entscheiden Sie lieber selbst, ob Sie eine längere Belichtungszeit in Kauf nehmen wollen oder ob das Erhöhen des ISO-Wertes sinnvoller ist.

Mit der *ISO*-Funktion auf der siebten Seite der Kameraeinstellungen können Sie den ISO-Wert festlegen. Neben festen Werten bietet die α6100 auch eine automatische Einstellung an.

Die erste Option nennt sich *Multiframe-RM* (für Rauschminderung) – Sie sehen dies nachfolgend. Dabei werden mehrere Fotos aufgenommen und zu einem Bild montiert, um möglichst wenig Bildrauschen zu erhalten.

Drücken Sie das Einstellrad rechts, um im linken Feld den gewünschten ISO-Wert einzustellen. Im rechten Feld – das Sie im rechten Bild sehen – finden Sie zwei Optionen, die Sie erreichen, wenn Sie das Einstellrad unten drücken. Bei der *Standard*-Option werden vier Fotos zusammengefügt, bei *Hoch* zwölf.

Mit der nächsten Einstellung – *ISO AUTO* – regelt die α6100 die ISO-Einstellung automatisch und verwendet dabei einen Empfindlichkeitsbereich von ISO 100 bis 51200. Wenn Sie die Obergrenze – beispielsweise wegen des stärkeren Rauschens bei den höheren Empfindlichkeiten – begrenzen wollen, drücken Sie das Einstellrad zwei Mal rechts und stellen einen niedrigeren Wert ein – Sie sehen das im Bild rechts.

Maximalwert
Bei Videoaufnahmen ist übrigens nur ein maximaler Wert von ISO 32000 möglich.

Es ist normal, dass bei höheren Empfindlichkeiten wegen des kleineren Sensors das Bildrauschen zunimmt. Trotzdem kann man die Bilder, die mit höheren Empfindlichkeiten entstehen, durchaus noch verwenden, wenn man nicht gerade ein »Rauschkornzähler« ist. Mit der linken der beiden Optionen, die Sie im Bild oben links sehen, wird die Untergrenze der ISO-Automatik bestimmt.

High-ISO. *Sie können bei der α6100 auch ruhig die höheren ISO-Werte verwenden, wenn Sie nicht gerade ein »Rauschkornzähler« sind.*

27 mm | ISO 1600 | 1/40 Sek. | f 3.2

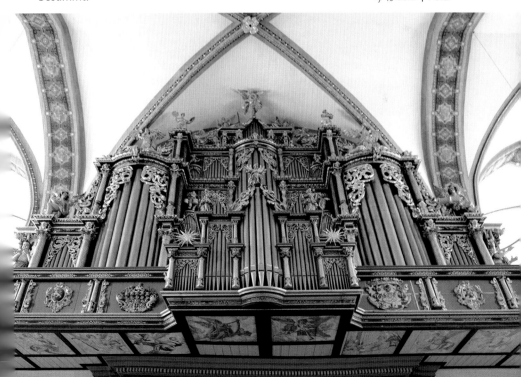

Was ist der Weißabgleich?

Die Farbe des Lichts misst man in Kelvin. Wenn auch die Gradzahl nicht direkt etwas mit Temperatur zu tun hat, griff man bei der Definition des Lichts doch auf diese Maßeinheit zurück. Zunächst setzt man 0 Kelvin mit −273,2 °C gleich, dem absoluten Nullpunkt. Ferner geht man von einem schwarzen Gegenstand aus, der jegliches Licht absorbiert. Als Beispiel sei ein Stück Eisen genannt.

Wird nun dieses Eisen auf 1.000 Kelvin erhitzt, ändert es seine Farbe. Es beginnt rötliches Licht abzustrahlen. Erhöht man die Temperatur auf ungefähr 6.000 Kelvin, glüht das Eisen weiß. Diese Temperatur entspricht ungefähr der Temperatur der Sonne. Je weiter das Eisen nun erhitzt wird, umso blauer erscheint die Farbe des Lichts. Die Skala ist nach oben offen.

In der Fotografie hat man viel mit Farbtemperaturen zu tun. Sie kennen sicherlich die Tageslicht- oder Kunstlichtfilme, die dafür sorgten, dass Sie neutrale Farben erreichten, auch wenn das Licht einen »Farbstich« hatte.

In der Tabelle finden Sie einige Kelvin-Werte aufgelistet. In den Bemerkungen wird darauf hingewiesen, welche Lichtquellen den entsprechenden Kelvin-Wert erzeugen. Außerdem sehen Sie, welche Farbe das Licht hat.

Kelvin	Lichtquelle	Farbe
1.000	Kerzenlicht	Rot/Orange
2.000	Glühlampen bis 100 Watt	Gelb-Orange
3.000	Studioleuchten, Leuchtstoffröhren	gelblich
4.000	Neonlicht	Hellgelb
5.000	Sonnenauf- und -untergang, Blitzgerät	Weiß
6.000	Mittagssonne	Weiß
7.000	Sonnenlicht bei leicht bewölktem Himmel	schwach bläulich
8.000	Sonnenlicht bei bedecktem Himmel	bläulich
9.000	Sonnenlicht bei dicht bewölktem Himmel	Blau
10.000	Wolkenloser, blauer Himmel – blaue Stunde	Tiefblau

Weißabgleich

Damit durch die verschiedenen Farbtemperaturen keine Farbstiche entstehen, hat man zu analogen Zeiten unterschiedliche Filmtypen (für Tages- oder Kunstlicht) oder Filter eingesetzt. Im digitalen Zeitalter erledigt die Kamera diese Korrekturen automatisch – über die sogenannte chromatische Adaption verfügt auch das menschliche Auge. So empfindet das menschliche Auge ein weißes Blatt Papier in den unterschiedlichsten Lichtsituationen immer als weiß.

Der automatische Weißabgleich der digitalen Kameras sucht im Bild nach der hellsten Stelle. Diese wird dann als »weiß« interpretiert. Probleme gibt es dann, wenn die hellste Stelle im Bild gar nicht weiß ist. Dann können unerwünschte Farbstiche entstehen.

Man kann auch im digitalen Zeitalter noch eine sehr alte Methode nutzen, um Farbstiche zu vermeiden. Wenn Sie nämlich ein Foto mit einer Graukarte machen, lässt sich nachträglich leicht ein farbstichfreies Foto erstellen, weil die Graukarte dann als Referenzpunkt verwendet werden kann. Alternativ zur Graukarte können Sie auch hilfsweise ein weißes Blatt Papier abfotografieren, um die Farbtemperatur zu ermitteln. Das Referenzbild wird verwendet, damit der Prozessor die Farbtemperatur präzise ermitteln kann.

Zur Bestimmung des Weißabgleichs gibt es verschiedene Automatiken. Zudem können Sie die gewünschte Farbtemperatur auch manuell vorgeben. Neben der Option des automatischen Weißabgleichs werden beispielsweise Optionen bereitgestellt, die zu bestimmten Lichtsituationen passen, wie etwa Kunstlicht, direktes Sonnenlicht oder bewölkter Himmel. So ist für jede Aufnahmesituation ein passender Wert vorgegeben. Die Sony bietet sogar eine Funktion an, um wie bei einer Belichtungsreihe mehrere Fotos mit unterschiedlichen Weißabgleichwerten aufzunehmen.

Weißabgleich – nachträglich per RAW

Eine ganz andere Variante für den Weißabgleich lässt sich nutzen, wenn Sie häufig bei schwierigen Lichtverhältnissen arbeiten. Nehmen Sie in solchen Fällen die Aufnahmen im RAW-Format auf. Beim RAW-Format erhalten Sie die Rohdaten des Fotos. Die Weißabgleicheinstellungen werden dem Foto bei JPEG-Aufnahmen endgültig zugewiesen. Beim RAW-Format lassen sich die bei der Aufnahme verwendeten Weißabgleicheinstellungen nachträglich ohne Qualitätsverlust ändern. So können Sie am Rechner ganz bequem verschiedene Weißabgleicheinstellungen testen, um die beste Bildwirkung zu ermitteln. Diese Variante ist nicht nur bequemer, sondern auch schneller, als wenn Sie viele verschiedene Aufnahmen erstellen müssen, um unterschiedliche Weißabgleichwerte zu testen.

Bei komfortablen Bildbearbeitungsprogrammen können Sie auch einen Weißpunkt im Bild bestimmen, anhand dessen die Farbeinstellungen vorgenommen werden. Gegebenenfalls lässt sich auch hier das Foto einer Graukarte verwenden, um im Bildbearbeitungsprogramm die Farbwerte zu ermitteln – das funktioniert nicht nur kameraintern.

ISO-Werte

Um ganz gezielt einen bestimmten ISO-Wert einzustellen, verwenden Sie die nächsten Einträge. Dabei können Sie den Wert zwischen ISO 100 und ISO 51200 einstellen. Die sehr hohen Empfindlichkeiten sollten Sie wegen des stärkeren Bildrauschens allerdings nur im Notfall verwenden.

Gesichter-Priorität

Bei der Personenfotografie ist die Funktion *GesPrior b. M-Mess.* nützlich. Wurde die Option aktiviert und die Multi-Messung eingestellt, wird die Belichtung an erkannten Gesichtern gemessen.

Weißabgleich anpassen

Es kommen hin und wieder Situationen vor, bei denen im automatischen Modus keine zufriedenstellende Farbwiedergabe entsteht oder bei denen Sie eine ganz bestimmte Farbstimmung erhalten wollen – wie beispielsweise den rötlichen Farbstich bei Kerzenschein-Aufnahmen. Im *Weißabgleich*-Menü finden Sie elf Einstellungen für verschiedene Aufnahmesituationen.

1 Ändern Sie die *Weißabgleich*-Einstellungen wahlweise durch Aufruf über die Funktionstaste oder der *Weißabgleich*-Funktion auf der neunten Seite der Kameraeinstellungen.

2 Durch Drehen oder Drücken des Einstellrads oben und unten navigieren Sie in den verfügbaren Optionen.

3 Bestätigen Sie die Auswahl mit der SET-Taste.

4 Soll der Vorgang abgebrochen werden, drücken Sie die MENU-Taste.

Werte korrigieren

Für jede Aufnahmesituation ist ein passender Wert vorgegeben, den Sie verändern können, wenn Sie das Einstellrad rechts drücken. Dann wird das nachfolgend abgebildete Menü angezeigt.

1 Verwenden Sie zum Ändern der Werte das Einstellrad. So habe ich im rechten Beispiel den Regler im Farbspektrum etwas in Richtung Orange verschoben.

2 Wenn Sie das Einstellrad rechts oder links drücken, verschieben Sie den Farbton in maximal sieben Stufen Richtung Blau oder Orange. Eine Stufe entspricht dabei ungefähr 5 Mired.

Weißabgleich

Der automatische Weißabgleich der α6100 arbeitet gut. Allerdings ist er nicht ganz so zuverlässig, wie Sie es vielleicht von teureren Spiegelreflexmodellen gewohnt sind. So kann es gelegentlich zu Fehlmessungen kommen.

3 Wenn Sie das Einstellrad oben oder unten drücken, wird der Farbton in Richtung Grün oder Magenta verschoben.

4 Die Veränderungen sind nicht absolut, sondern relativ. Das bedeutet, dass die voreingestellte Wirkung der ausgewählten Option erhalten bleibt, deren Stärke aber leicht verändert wird. Bestätigen Sie die Veränderungen durch Drücken der SET-Taste oder brechen Sie den Vorgang mit der MENU-Taste ab.

Mired bezeichnet übrigens die Verschiebung der Farbtemperatur und entspricht dem mit 1.000.000 multiplizierten Kehrwert der Farbtemperatur in Kelvin. Die Einheit Mired wird auch verwendet, um Korrekturfilter zu kennzeichnen.

Varianten

Für die *Leuchtstofflampe*-Option gibt es vier Lampentypen zur Auswahl, wobei die Option *–1* für warmweißes, *0* für kaltweißes Licht steht und die Option *+1* für Tageslichtleuchten und neutrale Leuchtstofflampen. Die letzte Option ist für Tageslicht.

Ganz gezielt einstellen

Am Ende der Liste finden Sie verschiedene nützliche Funktionen, um die Weißabgleicheinstellungen ganz gezielt anzupassen.

Drücken Sie das Einstellrad unten oder drehen Sie es, um bei der *K*-Option die gewünschte Farbtemperatur einzustellen. Sie ändern den Wert damit von 2.500 bis 9.900 Kelvin. Im niedrigen Bereich ist die Schrittweite recht klein – bei den höheren Werten ist sie größer. Dies ist den natürlichen Gegebenheiten angepasst.

Eigener Messwert

Wenn Sie es ganz genau nehmen wollen, ist die Option *Benutzer-Setup* bestimmt interessant für Sie. Hier wird der Weißabgleich für eine bestimmte Szene ganz gezielt gemessen und eingestellt. Der ermittelte Weißabgleichwert kann in einem von drei Presets gespeichert werden, sodass Sie auch später jederzeit Zugriff darauf haben.

Wenn Sie durch Drücken des Einstellrads rechts zur *Anpassung*-Option wechseln, wird die Farbtemperatur anhand der aktuellen Beleuchtung gemessen. Achten Sie darauf, dass Sie zum Messen eine Graukarte oder ein weißes Blatt Papier zur Hand haben.

1 Nach der Auswahl wird die nachfolgend in der Mitte abgebildete Ansicht eingeblendet. Wechseln Sie zur *SET*-Option. Nach dem Aufruf sehen Sie die rechts gezeigte Ansicht.

2 Visieren Sie nun das bereitgehaltene weiße Blatt möglichst bildfüllend an und drücken Sie die SET-Taste. Fotografiert wird dabei allerdings nichts – es wird lediglich der Messwert gespeichert. Das Fokussieren ist bei dieser Variante nicht nötig – auf die Schärfe kommt es bei der Weißabgleichmessung nicht an. In der links gezeigten Ansicht werden die ermittelten Werte im unteren Bereich angezeigt.

Überschreiben

Sie können den Inhalt des Presets jederzeit mit einem neuen Wert überschreiben, wenn Sie die Option *Benutzer-Setup* aufrufen.

3 Wählen Sie das Register aus, in dem der ermittelte Weißabgleichwert gespeichert werden soll. Sollte in dem betreffenden Register bereits zuvor ein Wert gespeichert worden sein, wird dieser überschrieben.

4 Wenn Sie das Einstellrad rechts drücken, können Sie in der bereits beschriebenen Feinabstimmungsansicht wie bei allen anderen Vorgabewerten eine Feinabstimmung vornehmen.

5 Um auf einen gespeicherten Preset-Wert zurückzugreifen, wählen Sie die betreffende *Anpassung*-Option aus. Sie sehen in der rechten Abbildung auf der vorherigen Seite im unteren Bereich den zuvor ermittelten Kelvin-Wert von *4800K*.

Weißabgleich-Bracketing

Wenn Sie ganz unsicher sind, welche Weißabgleicheinstellung die geeignete ist, können Sie auch das sogenannte Weißabgleich-Bracketing nutzen – das ist sozusagen eine Belichtungsreihe für den Weißabgleich. Zwei Aufnahmen werden dabei mit einer veränderten Farbtemperatur aufgenommen. Sie können dann nachträglich die besser geeignete Variante heraussuchen.

⬇ Weißabgleich. *Bei kniffeligen Lichtsituationen können Sie den Weißabgleich manuell ganz präzise einstellen.*

16 mm | ISO 3200 | 1/20 Sek. | f 3.5

1 Drücken Sie das Einstellrad links, um die *Bildfolgemodus*-Funktionen zu öffnen.

2 Scrollen Sie in der Liste nach unten und rufen Sie die Option *BRK WB* auf. Sie sehen diese Option in der folgenden linken Abbildung.

3 Drücken Sie erneut das Einstellrad – nun rechts oder links –, um zwischen den beiden verfügbaren Optionen *Hi* und *Lo* zu wählen.

Priorität beim automatischen Weißabgleich

Die folgende Funktion trägt die Bezeichnung *PriorEinst. bei AWB*. Nach dem Aufruf finden Sie die im unteren rechten Bild gezeigten Optionen. Standardmäßig ist die erste Option aktiviert, bei der die Farbtöne automatisch eingestellt werden, wenn Sie die Option *Automatischer Weißabgleich (AWB)* aktiviert haben.

Die zweite Option nennt sich *Ambiente*. Dabei erhält der Farbton der Lichtquelle Vorrang, was zu wärmeren (rötlicheren) Ergebnissen führt. Die letzte Option mit dem Namen *Weiß* ist in der rechten Abbildung zu sehen. Dabei wird der hellste Ton so eingestellt, dass er weiß erscheint.

DRO/Auto HDR

Die nächste Option widmet sich dem Dynamikumfang des Bildes. Die Funktionen *DRO* (für *D*ynamic *R*ange *O*ptimization) und *HDR* (für *H*igh *D*ynamic *R*ange) unterscheiden sich aber voneinander. Der auffälligste Unterschied besteht zunächst darin, dass bei der *DRO*-Option nur ein einziges Bild aufgenom-

Auswirkungen

Die Auswirkungen beider Effekte sehen Sie erst, nachdem das Foto aufgenommen wurde.

⬆ **DRO und HDR.** *In den beiden Spalten sehen Sie jeweils oben das Originalfoto. In der zweiten Zeile wurde der DRO-Effekt mit der Maximaleinstellung Lv5 angewendet. In der unteren Zeile habe ich beim HDR-Effekt den Höchstwert 6,0 EV eingesetzt.*

Linke Spalte: 20 mm | ISO 100 | 1/250 Sek. | f 8
Rechte Spalte: 24 mm | ISO 100 | 1/500 Sek. | f 8

men wird. Bei der *HDR*-Option nimmt die α6100 dagegen drei Bilder auf und montiert diese kameraintern zu einem einzigen Bild. Der nächste Unterschied besteht darin, dass DRO-Bilder auch im RAW-Format aufgezeichnet werden können – HDR-Bilder dagegen nicht. Sie sehen nachfolgend, dass im rechten Bild die *HDR*-Option deshalb deaktiviert ist.

Bei der *DRO*-Option hellt die α6100 das aufgenommene Foto kameraintern hauptsächlich in den Schattenbereichen auf – die hellen Bereiche bleiben praktisch unverändert. Bei der *HDR*-Funktion werden drei unterschiedlich belichtete Bilder aufgenommen und danach zu einem Bild montiert. Das gespeicherte Endergebnis zeigt dann deutlich aufgehellte Schattenbereiche und abgedunkelte Lichterbereiche, sodass ein höherer Dynamikumfang entsteht. Sie sehen die Auswirkungen der beiden Effekte an zwei unterschiedlichen Motiven auf der gegenüberliegenden Seite. Beim Anwenden der beiden Funktionen gehen Sie folgendermaßen vor:

1 Nach dem Aufruf der Funktion *DRO/Auto HDR* finden Sie die oben rechts abgebildete Situation vor. Drücken Sie das Einstellrad unten oder drehen Sie es, um zu den beiden Effekten zu gelangen.

2 Drücken Sie das Einstellrad rechts oder links, um zwischen den verfügbaren Stärkegraden zu wählen. Beim *DRO*-Modus gibt es neben der *Auto*-Option fünf Stärkegrade – nachfolgend sehen Sie rechts beispielsweise die Option *Lv4*.

> **Ritual**
>
> Da Sie sicherlich nicht alle Bilder mit einer der beiden Optionen schießen wollen, sollten Sie sich ein Ritual angewöhnen: Deaktivieren Sie nach jeder DRO-/HDR-Aufnahme die Option, wenn Sie nicht sofort ein weiteres DRO-/HDR-Bild aufnehmen wollen. So sind Sie beim Bildersichten vor unangenehmen Überraschungen gefeit.

3 Bei der *HDR*-Funktion können Sie neben der *Auto*-Option einstellen, um wie viele Lichtwerte sich die aufgenommenen Fotos voneinander unterscheiden sollen – maximal 6,0 Lichtwerte sind dabei möglich.

4 Bestätigen Sie die jeweilige Auswahl mit der SET-Taste. Die ausgewählten Optionen bleiben übrigens so lange erhalten, bis Sie die erste Option *D-R OFF* einstellen.

Die Kreativmodi nutzen

Die α6100 enthält sozusagen ein komplettes Bildbearbeitungsprogramm. Der sogenannte BIONZ-X-Prozessor verarbeitet die Bilder nach der Aufnahme recht schnell, sodass zügige Bildfolgen auch bei aktivierten Bildoptimierungsfunktionen möglich sind. Ob die Optionen für Sie interessant sind, müssen Sie selbst entscheiden. Es gibt einige Gründe für und gegen das Optimieren der Bilder innerhalb der Kamera. Bildjournalisten, die ihre Bilder möglichst schnell und perfekt in die Redaktionen übermitteln wollen, werden die Möglichkeiten zur sofortigen Bildoptimierung vermutlich sehr schätzen – entfällt so doch die nachträgliche Bearbeitung.

Da die Möglichkeiten der nachträglichen Bearbeitung am Rechner aber vielfältiger und auch präziser sind, ist das Abschalten der Optionen die richtige Wahl, wenn Sie über einen Rechner verfügen. So können Sie von Bild zu Bild ganz gezielt Einfluss auf die Bildqualität nehmen. Die Bearbeitung innerhalb der Kamera lässt sich dagegen nicht genau kalkulieren. Selbst bei ähnlichen Motiven können leicht differierende Ergebnisse entstehen.

Überlegungen

Die Optionen, die Sie mit der *Kreativmodus*-Funktion einstellen, werden direkt auf das Foto angewendet – ein »Originalfoto«

Test

Da die Bildoptimierungen in vielen Fällen reine Geschmackssache sind, sollten Sie diverse Testaufnahmen machen, bevor Sie sich entschließen, eine Optimierungsoption dauerhaft einzusetzen.

RAW

Bei RAW-Bildern bleiben die Einstellungen der *Kreativmodus*-Funktion unberücksichtigt.

⬆ **Kreativmodi.** *Hier sehen Sie von oben links nach unten rechts die Kreativmodi Standard, Lebhaft, Porträt, Landschaft, Sonnenuntergang und Schwarz/Weiß.*

Alle Bilder: 23 mm | ISO 100 | 1/160 Sek. | f 8

▶ Kreativmodi (Fortsetzung). *Dies ist der Modus Sepia.*

fehlt demnach. Daher ist es eine Überlegung wert, eher eine neutrale Option einzustellen und später bei der Bildbearbeitung am Rechner die geeigneten Optimierungen vorzunehmen.

Die Optionen

Die verfügbaren Bildoptimierungsoptionen erreichen Sie über die *Kreativmodus*-Funktion auf der neunten Seite der Kameraeinstellungen. Alternativ dazu erreichen Sie die Funktion nach dem Drücken der Funktionstaste über die links gezeigte Option. Bei den Beispielbildern sehen Sie, dass die Unterschiede zwischen den Optionen nicht riesig sind – aber sie sind erkennbar. Nach dem Aufruf erscheint das nachfolgend rechts gezeigte Menü. Navigieren Sie mit dem Einstellrad zwischen den sieben möglichen Einstellungen.

Motivprogramme

Wenn Sie mit einem Motivprogramm fotografieren, sind die Kreativmodi nicht verfügbar, da sie automatisch eingestellt werden.

Folgende Einstellungen werden bereitgestellt:

● Die *Standard*-Option ist die Voreinstellung. Hier entstehen ausgewogene Ergebnisse. Die Option ist für die meisten Auf-

Dynamikumfang

Die letzten zwei ISO-Werte – 40000 und 51200 – sind jeweils mit Strichen über und unter dem Wert versehen. Sie sehen dies im Bild rechts. Daran erkennen Sie, dass es sich um »Zusatz-ISO-Einstellungen« handelt. Sie sollten sie nur im Notfall verwenden, da bei diesen maximalen ISO-Werten die Qualität sichtbar leidet.

Jede Kamera kann nur einen bestimmten Motivkontrast bewältigen, der je nach eingestelltem ISO-Wert variiert. Die sogenannte Eingangsdynamik wird in Lichtwerten gemessen (EV – Exposure Value). Höhere Werte weisen auf einen guten Dynamikumfang hin. Bei Unter- oder Übersteuerungen brennen die Lichter aus und die Schattenbereiche laufen zu – Sie erkennen dann keine Details mehr.

Die Sony α6100 bietet einen sehr guten Dynamikumfang. So sehen Sie im nachfolgend gezeigten Eingangsdynamik-Diagramm – (Quelle: www.digitalkamera.de) – beispielsweise, dass von ISO 100 bis ISO 12800 konstant ein guter Wert erreicht wird – erst bei den beiden letzten Stufen fällt er merklich ab. Daher können Sie auch ruhig bis zu ISO 12800 einsetzen, wenn es die Lichtverhältnisse erfordern.

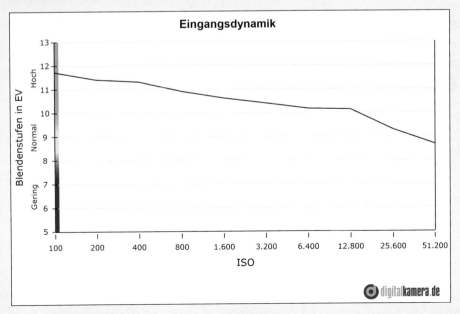

gabenstellungen sehr gut geeignet und ist daher meine Empfehlung.

- Die Einstellung *Lebhaft* erhöht die Farbsättigung, den Kontrast und die Schärfe. So entstehen leuchtendere, kräftigere Farben. Um gleich druckfertige Ergebnisse zu erhalten, können Sie diese Option einmal ausprobieren. Einigen Fotografen sind die Einstellungen allerdings zu stark, weil etwas unnatürliche Ergebnisse entstehen könnten.

Farbcharakteristika

Für leuchtende, kräftige Farben wurde bei der analogen Fotografie zum Beispiel ein Fuji-Film eingelegt – für gedecktere Ergebnisse ein Kodak-Film.

- Bei der *Porträt*-Option gibt die α6100 Hauttöne weich wieder. Dazu werden ein schwächerer Kontrast und eine geringe Schärfung verwendet.

- Beim *Landschaft*-Kreativmodus werden Grün- und Blautöne betont. Der Kontrast und die Sättigung werden erhöht und die Bilder werden stärker geschärft.

- Der *Sonnenuntergang*-Kreativmodus erhält die warme Farbstimmung, indem rötliche und orange Farbtöne verstärkt werden.

- Der *Schwarz/Weiß*-Modus erzeugt schwarz-weiße Bilder mit einer neutralen Abstimmung der Tonwerte.

- Beim letzten Kreativmodus – *Sepia* – entstehen bräunlich eingefärbte Schwarz-Weiß-Bilder, wie man sie schon zu analogen Zeiten gerne im heimischen Labor hergestellt hat.

Kontrast

Mit der ersten Option wird der Kontrast des Bildes angepasst. Dabei stehen Werte von –3 bis +3 zur Verfügung.

1 Stellen Sie negative Werte ein, um den Kontrast abzuschwächen. Dies ist bei Szenen mit großem Kontrast sinnvoll – wie beispielsweise bei einer Gegenlichtaufnahme.

2 Positive Werte verstärken den Kontrast, was bei kontrastarmen Szenen – wie etwa Nebel – nützlich ist.

3 Wenn Sie gesättigte Bilder gerne mögen (wie beispielsweise die analogen »Fuji-Farben«), erhöhen Sie den Wert der *Farbsättigung*-Option. Die möglichen Werte variieren von −3 bis +3, wobei höhere Werte eine stärkere Farbsättigung bedeuten.

4 Falls Sie vorgenommene Änderungen verwerfen wollen, drücken Sie die MENU-Taste.

> **Farbsättigung**
> Bei der *Schwarz/Weiß*- und *Sepia*-Option entfällt natürlich die *Farbsättigung*-Option.

Scharfzeichnung

Die *Scharfzeichnung*-Option verändert die Kontraste der Konturen im Bild, um den Eindruck eines schärferen Bildes zu erhalten. Je höher der Wert, umso stärker wirkt sich die Scharfzeichnung aus. Soll keine Bildschärfung vorgenommen werden, verwenden Sie den Wert *0*. Dies ist sinnvoll, wenn Sie die Schärfung nachträglich in einem Bildbearbeitungsprogramm vornehmen wollen.

Bildeffekte anwenden

Mit der nächsten Funktion in den Kameraeinstellungen können Sie 13 Bildeffekte anwenden. Nutzen Sie ein Belichtungsprogramm, können Sie auf die *Bildeffekt*-Funktion zurückgreifen. Hier gibt es auch einige Effekte zur Auswahl, um beispielsweise gemäldeartige Fotos zu erstellen. Nach dem Aufruf der Funktion sehen Sie das rechts abgebildete Menü. Scrollen Sie durch Drücken oder Drehen des Einstellrads durch die Optionen. Viele der Bildeffekte sehen Sie auf den nächsten Seiten abgebildet.

> **Original**
> Da es kein »Originalbild« gibt, wenn Sie Bildeffekte anwenden, sollten Sie gegebenenfalls ein zusätzliches Foto schießen, bei dem kein Effekt zum Einsatz kommt. So können Sie später mithilfe eines Bildbearbeitungsprogramms weitere Effekte ausprobieren.

Folgende Arbeitsschritte sind beim Anwenden der Effektfilter zu beachten:

1 Drücken Sie das Einstellrad unten, um zum nächsten Effekt zu gelangen.

2 Für viele Effekte sind unterschiedliche Stärkegrade oder Varianten verfügbar. Sie erkennen dies an Pfeilen, die kennzeichnen, wo Sie das Einstellrad drücken müssen, um andere Optionen einzustellen. Ich habe dies im Bild links beim Effekt *Teilfarbe* markiert.

3 Wählen Sie einen Bildeffekt aus, indem Sie die SET-Taste drücken. Um den Vorgang abzubrechen, muss die MENU-Taste gedrückt werden.

4 Der Effekt wird bei verschiedenen Bildeffekten erst dann sichtbar, wenn Sie die Aufnahme geschossen haben. Außerdem müssen Sie beachten, dass es einen kleinen Moment dauert, ehe Sie wieder aufnahmebereit sind. Das kcamerainterne Hineinrechnen des Effektes in das Bild dauert ein wenig.

5 Prüfen Sie nach der Aufnahme im Wiedergabemodus, ob Ihnen das Ergebnis gefällt oder ob andere Stärkegrade nötig sind.

Die unterschiedlichen Bildeffekte

Die nachfolgend aufgelisteten Bildeffekte bietet die α6100 an. Die jeweils verfügbaren Varianten liste ich mit auf: Sie sehen auf den folgenden Seiten die Optionen – teilweise mit mehreren der möglichen Varianten.

• **Spielzeugkamera:** Hier werden die Bildecken abgedunkelt (vignettiert) und die Bildschärfe wird zurückgenommen. Als Optionen stehen Ihnen verschiedene Farbstiche zur Verfügung. So können Sie die Zusatzoptionen *Normal*, *Kühl*, *Warm*, *Grün* und *Magenta* einstellen. Sie können den Effekt vor der Aufnahme prüfen.

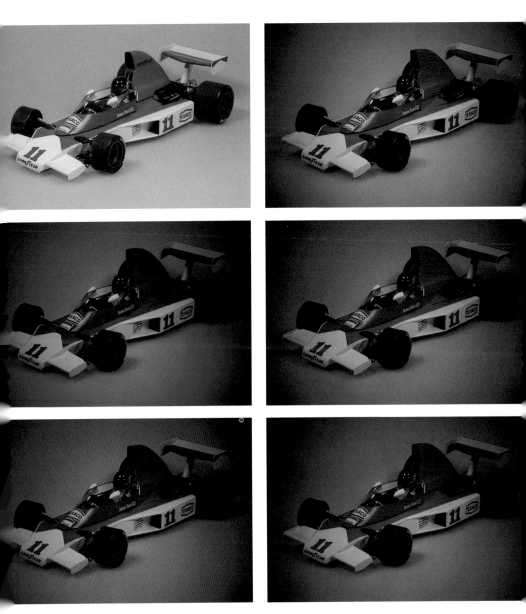

⬆ **Bildeffekte.** *Das erste Foto zeigt das Originalbild ohne angewendeten Effekt. Dann folgen von oben rechts nach unten rechts die Bildeffekte Spielzeugkamera: Normal, Spielzeugkamera: Kühl, Spielzeugkamera: Warm, Spielzeugkamera: Grün, Spielzeugkamera: Magenta.*

Alle Bilder: 45 mm | ISO 100 | 0,8 Sek. | f 36

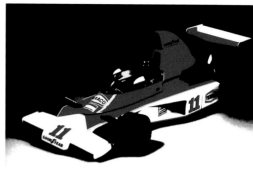
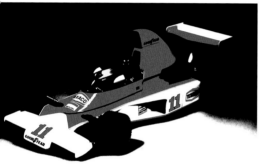

⬆ **Bildeffekte, Fortsetzung.** *Hier sehen Sie von oben links nach unten rechts die Bildeffekte Pop-Farbe, Tontrennung: Farbe, Tontrennung: S/W, Retro-Foto, Soft High-Key, Teilfarbe: Rot.*

Alle Bilder: 45 mm | ISO 100 | 0,8 Sek. | f 36

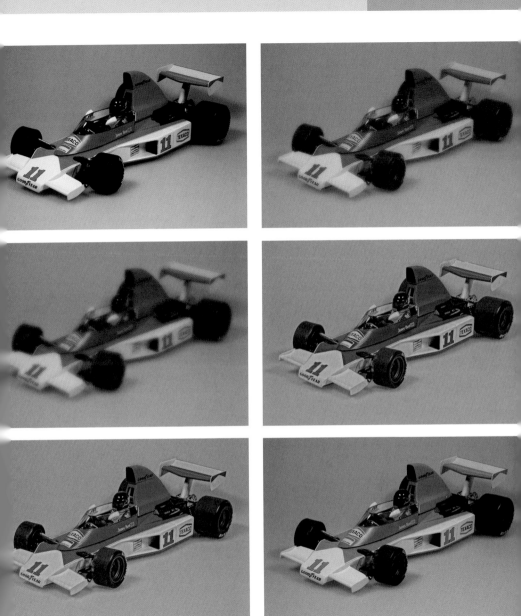

⬆ **Bildeffekte, Fortsetzung.** *Von oben links nach unten rechts: Hochkontrast-Mono, Weichzeichnung (Niedrig), Weichzeichnung (Hoch), HDR Gemälde (Niedrig), HDR Gemälde (Hoch), Sattes Monochrom.*

Alle Bilder: 45 mm | ISO 100 | 0,8 Sek. | f 36

⬆ **Bildeffekte, Fortsetzung.** *Von oben links nach unten rechts: Miniatur (Mitte (Horizontal)),
Wasserfarbe, Illustration (Niedrig), Illustration (Mittel).*

Alle Bilder: 45 mm | ISO 100 | 0,8 Sek. | f 36

- **Pop-Farbe**: Bei diesem Effekt entstehen sehr kräftige Farben, die auch bei der Vorschau bereits angezeigt werden. Zusatzoptionen gibt es keine.

- **Tontrennung**: Bei der Variante S/W werden nur Schwarz und Weiß verwendet – bei der Farbvariante werden die Farben des Bildes in die Grundfarben umgewandelt. Es entsteht ein sehr plakatives Ergebnis, das schon vor dem Auslösen begutachtet werden kann.

- **Retro-Foto**: Das Ergebnis ist kontrastarm und mit einer Sepia-Tonung versehen. Optionen gibt es bei diesem Effekt, den Sie auch als Vorschau begutachten können, keine.

- **Soft High-Key**: Hier entsteht ein kühles (bläuliches) Ergebnis mit weniger Details und einem schwachen Kontrast. Eine Vorschau des Bildeffektes ist möglich – Optionen gibt es keine.

- **Teilfarbe**: Bei diesem Effekt stellen Sie in den Optionen ein, ob die Farben Rot, Grün, Blau oder Gelb erhalten bleiben sollen. Der Rest des Fotos wird in Schwarz-Weiß umgewandelt. Der Effekt eignet sich, wenn Sie ein bestimmtes Element im Bild besonders hervorheben wollen. Auch diesen Effekt können Sie in der Vorschau bereits prüfen.

- **Hochkontrast-Mono**: Wurde dieser Bildeffekt aktiviert, erstellt die α6100 ein schwarz-weißes Bild mit einem hohen Kontrast. Damit der Effekt gut wirken kann, sollten viele Details im Bild vorhanden sein. Die Wirkung lässt sich bereits in der Vorschau beurteilen.

- **Weichzeichnung**: Für diesen Bildeffekt stehen die drei Stärkegrade *Niedrig*, *Mittel* und *Hoch* zur Verfügung. Eine Begutachtung vor dem Auslösen ist nicht möglich. Das Bild wird deutlich weichgezeichnet. Alle Details und Konturen im Bild bleiben allerdings – wenn auch abgeschwächt – erhalten. Daher wirkt das Bild eher »soft« als »unscharf«. Je höher der Stärkegrad ist, umso stärker fällt die Weichzeichnung aus.

- **HDR Gemälde**: Wie der Name des Bildeffektes bereits aussagt, entsteht hier ein gemäldeartiges Ergebnis auf Basis eines HDR-Fotos. Dazu werden – wie bei HDR-Aufnahmen – drei Bilder miteinander »verschmolzen«. Das Zusammenrechnen der Bilder dauert einen Moment. Die gemäldeartige Wirkung entsteht durch eine Reduktion des Dynamikumfangs und das Betonen der Konturen im Bild. Sie haben die drei Stärkegrade *Niedrig*, *Mittel* und *Hoch* zur Auswahl. Je höher Sie den Stärkegrad einstellen, umso kontrastreicher ist das Ergebnis. Eine Vorschau ist bei diesem Effekt nicht möglich.

- **Sattes Monochrom**: In diesem Modus entsteht ein Schwarz-Weiß-Bild, das aus drei aufgenommenen Bildern zusammenmontiert wird. Durch die drei Aufnahmen entstehen sehr feine Abstufungen der Tonwerte – der Dynamikumfang ist größer

Wirkung
Nicht jeder Effekt eignet sich für jedes Motiv. Daher ist es normal, dass gelegentlich mehrere Bildeffekte ausprobiert werden müssen, ehe ein interessantes Ergebnis entsteht.

⬇ **Illustration.** *Den
nach meiner Meinung
schönsten Effektfilter
sehen Sie hier in einer
größeren Darstellung.
Ich habe dabei die
Hoch-Option einge-
stellt.*

als bei einem normalen Schwarz-Weiß-Bild. Damit der Effekt
gut wirkt, sollte das Motiv viele Details zeigen. Optionen gibt
es keine – eine Vorschau auch nicht. Das Vorschaubild wird nur
»normal« schwarz-weiß angezeigt.

● **Miniatur**: Beim *Miniatur*-Effekt bleibt nur ein Teil des Bildes
scharf – der Rest wird unscharf wiedergegeben. In den Optionen können Sie für die horizontale und vertikale Ausrichtung
zwischen *Links*, *Rechts* und *Mitte* wählen. Sie erkennen die Position an dem nachfolgend markierten Symbol.

Welche Bereiche unscharf dargestellt werden, symbolisieren die
beiden grauen Balken, die ich im Bild auf der folgenden Seite
markiert habe. Nur der Bereich zwischen den Balken erscheint

beim späteren Foto scharf. Eine Vorschaumöglichkeit
wird bei diesem Effekt nicht angeboten.

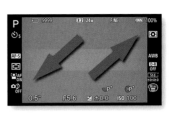

- **Wasserfarbe:** Die beiden letzten Bildeffekte erstellen wieder gemäldeartige Ergebnisse. Normalerweise erreicht man solche Bilder nur mithilfe von Bildbearbeitungsfunktionen am Rechner. So ist die Rechenleistung des Bildprozessors schon erstaunlich. Um die Wirkung zu erzielen, werden die Konturen im Bild sozusagen verwischt. So entsteht ein plakatives und durchaus interessantes Bild. Beim *Wasserfarbe*-Effekt gibt es keine Optionen und auch eine Vorschau ist nicht vorhanden.

- **Illustration:** Der letzte Bildeffekt heißt *Illustration* und bietet die drei Stärkegrade *Niedrig*, *Mittel* und *Hoch* an. Je höher der Stärkegrad ist, umso deutlicher werden die Konturen im Bild hervorgehoben. Daher eignen sich für diesen Effekt besonders Fotos mit vielen Details. Um die Bildwirkung gut demonstrieren zu können, habe ich auf der gegenüberliegenden Seite eine große Variante der Option *Hoch* abgebildet. Sie sehen dort auch, dass durch das Entfernen der Details in den Farbflächen ein sehr plakatives Ergebnis entsteht. Eine Vorschau gibt es in diesem Modus nicht.

Soft Skin-Effekt

Im Normalfall möchte man erreichen, dass im Foto möglichst alle Details scharf abgebildet sind. Bei Porträts ist dies allerdings anders – hier ist es manchmal unvorteilhaft, wenn alle Details perfekt abgebildet werden. Hier hilft die Funktion *Soft Skin-Effekt* auf der neunten Seite der Kameraeinstellungen.

Die α6100 zeichnet dabei die Hautpartien weich. Sie können die Funktion aber nur aktivieren, wenn Sie die Gesichtserkennung eingeschaltet haben und nicht im RAW-Format fotografie-

ren. Sie sehen im nebenstehenden Bild, dass mehrere Stärkegrade angeboten werden – das ist am Pfeil zu erkennen – ich habe ihn hervorgehoben. Sie können zwischen den Stärkegraden *Niedrig*, *Mittel* und *Hoch* wählen.

Bereits bekannt

Die Autofokusoptionen auf der zehnten und elften Seite der Kameraeinstellungen haben Sie bereits in Kapitel 3 kennengelernt.

Automatischer Objektrahmen

Die Option *Auto. Objektrahm.* soll Ihnen bei der Bildgestaltung helfen. Nach dem Aufruf der Funktion sehen Sie das nachfolgend rechts abgebildete Menü. Stellen Sie hier die *Auto*-Funktion ein.

Erkennt die α6100 ein Gesicht oder eine Makroszene, wird das Bild nach den Regeln des Goldenen Schnitts zugeschnitten. Auch wenn die AF-Verriegelung verwendet wird, wird das Bild optimiert. Anschließend werden das Original- und das zugeschnittene Bild in voller Auflösung gespeichert.

Ich persönlich setze diese Funktion nicht ein, da ich Fotos gegebenenfalls lieber nachträglich per Bildbearbeitung zuschneide. Außerdem ergaben sich bei meinen Tests sehr oft »merkwürdige« Ergebnisse, weil die Kamera die Szene nicht richtig analysiert hatte. Dennoch können Sie die Option testweise aktivieren. Da beide Bildvarianten gespeichert werden, können Sie unpassend zugeschnittene Bilder später einfach löschen.

Architekturaufnahmen

Die Architekturfotografie eignet sich besonders gut für Einsteiger in die digitale Fotografie, weil dafür prinzipiell keine besondere Ausrüstung notwendig ist. Wichtig ist, dass Sie sich das Objekt von allen Seiten ansehen und den interessantesten Standpunkt finden. Oftmals sind dabei genau die Perspektiven uninteressant, die auch die »Postkartenfotografen« wählen, weil die Ergebnisse bereits vielen Betrachtern bekannt sind. Wählen Sie dagegen einen etwas ungewöhnlichen Standpunkt oder eine noch unbekannte Perspektive aus, wird aus dem Motiv ein beachtenswertes Foto. Auch die Lichtverhältnisse spielen eine große Rolle. Je nach vorhandenem Licht wirken Gebäude an unterschiedlichen Tagen mehr oder weniger interessant. Daher lohnen sich auch Fotos desselben Gebäudes zu unterschiedlichen Tages- und Jahreszeiten.

Fototipp

Experimente
Architekturaufnahmen eignen sich besonders gut für »Experimente«. So können Sie beispielsweise bei Nachtaufnahmen die Lichtspuren fahrender Autos in Großstädten einbeziehen.

Programm	Zoom	ISO	Blende	Verschlussz.
Zeitautomatik	egal	niedrig	eher zu	recht kurz

Architekturaufnahmen mit der Sony α6100

Mit besonderen Problemen in Bezug auf die Belichtungsmessung oder den Weißabgleich haben Sie nicht zu rechnen – Sie können sich bei solchen Motiven ganz auf die Standardvorgaben der Kamera verlassen.

⬇ **Bad Gandersheim.** *Die Architekturfotografie bietet sich als Einstieg in die Digitalfotografie bestens an.*

70 mm | ISO 100 |
1/1000 Sek. | f 5

210 mm | ISO 100 | 1/500 Sek. | f 1

7 Die Benutzer-einstellungen

Im Menü der Benutzereinstellungen der Sony α6100 werden einige grundlegende Einstellungen der Kamera vorgenommen. Welche Möglichkeiten sich Ihnen hier bieten, erfahren Sie in diesem Kapitel.

Viele Funktionen

Auf der Registerkarte der Benutzereinstellungen finden Sie unterschiedliche Funktionen, um die Kameraeinstellungen anzupassen. Auch das Personalisieren verschiedener Tasten wird in diesem Menü vorgenommen. Sicherlich werden Sie nicht ständig auf diese Funktionen zugreifen – dennoch sind einige der Optionen wichtig.

Wie auch bei den anderen Registerkarten erkennt man an den angebotenen Funktionen den hohen Anspruch der Sony α6100 – insgesamt 41 Funktionen haben Sie auf den neun Seiten dieser Registerkarte zusammengenommen zur Auswahl.

Wie in allen anderen Menüs gibt es auch hier einige Funktionen, die nicht ganz so bedeutend sind. Aber vielleicht gibt es ja auch einige Fotografen, die das ganz anders sehen. Daher werde ich in diesem Kapitel alle angebotenen Funktionen beschreiben – außer denjenigen, die Sie bereits in den vorherigen Kapiteln ausführlich kennengelernt haben. Sie finden dann nur die Verweise zum jeweiligen Kapitel.

Den weniger wichtigen Funktionen räume ich entsprechend weniger Platz ein. Klar, dass ich auch wieder Empfehlungen als Hilfestellung abgebe.

Sie erreichen das Menü über die links ausgewählte zweite Registerkarte des Menüs.

Filmoptionen

Auf den ersten drei Seiten der Benutzereinstellungen finden Sie Optionen, die sich auf das Filmen beziehen. Diese Funktionen beschreibe ich in Kapitel 11, das sich Videoaufnahmen widmet.

Geräuschlose Aufnahme

Wenn Sie beispielsweise bei Veranstaltungen möglichst leise fotografieren wollen, kann die Funktion *Geräuschlose Auf.* interessant für Sie sein, wobei man aber erwähnen muss, dass die Aufnahme nicht völlig geräuschlos erfolgt. Sie sehen die Funktion nachfolgend links.

Außerdem ist die Funktion mit unterschiedlichen Beschränkungen verbunden. Sie kann nur eingesetzt werden, wenn Sie die Belichtungsprogramme *P, S, A* oder *M* eingestellt haben. Wenn Sie die *Auto HDR*-Option oder Bildeffekte nutzen, ist die Funktion nicht einsetzbar. Daher ist es empfehlenswerter, die Signaltöne zu deaktivieren.

Elektronischer Verschluss

Die Sony α6100 kann Bilder mit einem vollautomatischen Verschluss aufnehmen. Alternativ dazu kann der erste Verschluss

⚡ **Pipes & Drums.** *Wenn Sie bei Veranstaltungen fotografieren, können Kamerageräusche stören.*

30 mm | ISO 800 | 1/125 Sek. | f 5

aber auch elektronisch gesteuert werden, was Sie mit der Funktion *Elektr. 1.Verschl.vorh.* festlegen können. Sie erkennen den mechanischen Verschluss bei langen Verschlusszeiten auch an dem zweimaligen Klacken beim Auslösen.

Beim elektronischen Verschluss entfällt dagegen das erste Klacken, sodass der Auslösevorgang etwas leiser ausfällt, was in bestimmten Situationen ein Vorteil sein kann – beispielsweise, wenn Sie bei Veranstaltungen nicht stören wollen. Ein weiterer Vorteil des elektronischen Verschlusses ist es, dass Sie etwas schneller wieder aufnahmebereit sind. Wenn Sie dagegen über einen Adapter A-Mount-Objektive oder Objektive von Drittanbietern verwenden, müssen Sie die *Aus*-Option aktivieren.

Auslösen ohne Objektiv

Die Option *Ausl. ohne Objektiv* ist nur nützlich, wenn Sie mittels Adapter ein A-Mount-Objektiv angeschlossen haben – dann ist ein Auslösen unter Umständen nur möglich, wenn Sie die *Deaktivieren*-Option eingestellt haben.

SteadyShot

Die *SteadyShot*-Funktion auf der vierten Seite der Benutzereinstellungen wurde bereits in Kapitel 3 auf Seite 92 beschrieben.

Auslösen ohne Karte

Bei der nächsten Funktion dieser Rubrik sollten Sie unbedingt die Standardeinstellung *Aktivieren* ändern. Oder mochten Sie den Witz analoger Fotografen »Na – hast du denn überhaupt einen Film eingelegt« besonders gern?

Bleibt nämlich die Option *Auslösen ohne Karte* auf *Aktivieren*, sind Aufnahmen auch dann möglich, wenn gar keine Speicherkarte eingesetzt ist. Bei der *Deaktivieren*-Einstellung wird dagegen der Auslöser gesperrt. Sie können sich dann auf die Fehlersuche begeben ...

Die Zoom-Funktion

Die Zoom-Funktion auf der fünften Seite der Benutzereinstellungen ist nur verfügbar, wenn Sie bei der Funktion *Zoom-Einstellung* nicht die Option *Nur optischer Zoom* aktiviert haben. Die Funktion ist außerdem nur beim Einsatz von Objektiven verfügbar, die keinen Motorzoom besitzen. Wurde bei der *Zoom-Einstellung*-Funktion die Option *Ein: Klarbild-Zoom* aktiviert, ist eine zweifache Vergrößerung möglich, bei der Option *Ein: Digitalzoom* eine vierfache. Bestätigen Sie die Einstellung mit der SET-Taste.

> **Zoom-Funktion**
>
> Die *Zoom*-Funktion wird nur benötigt, wenn Sie den optischen Zoombereich überschreiten wollen – andernfalls zoomen Sie wie gewohnt mit dem Zoomhebel oder -ring.

Zoom-Einstellung

Der Funktion *Zoom-Einstellung* sollten Sie nicht allzu viel Beachtung schenken. Sie sollten die Standardeinstellung *Nur optischer Zoom* stets beibehalten. Wird der *Digitalzoom* aktiviert, entstehen keinesfalls zusätzliche Details im Bild. Das Foto wird lediglich durch Hinzurechnen von Pixeln, Interpolation genannt, vergrößert. Wenn Sie im RAW-Modus fotografieren, kann diese Option nicht eingestellt werden. Die Option *Klarbild-Zoom* kann aktiviert werden, wenn nicht die maximale Bildgröße eingestellt wurde. Dabei werden Bildteile abgeschnitten, um einen größeren Ausschnitt zu erhalten, was zum Eindruck führt, man hätte eine größere Brennweite verwendet.

Informationsanzeigen

Die folgende Funktion benötigen Sie, um festzulegen, welche Informationen angezeigt werden sollen, wenn Sie die DISP-Taste mehrfach drücken. Dabei erfolgt eine Trennung danach, welche Informationen auf dem Monitor beziehungsweise im Sucher angezeigt werden sollen. Daher finden Sie nach dem Aufruf der Funktion ein Untermenü mit den beiden Varianten vor. Sie sehen dies nachfolgend rechts.

Drücken Sie die SET-Taste, um das jeweilige Untermenü aufzurufen. Alle Einträge, die mit einem Haken versehen sind, werden angezeigt. Navigieren Sie mit dem Einstellrad zwischen den Optionen. Rechts sehen Sie übrigens ein kleines Vorschaubild, in dem Sie erkennen können, wie sich die markierte Option auswirkt. Um einen Eintrag zu aktivieren oder zu deaktivieren, drücken Sie die SET-Taste. Wurden alle gewünschten Einstellungen vorgenommen, navigieren Sie zum Eintrag *Eingabe* und drücken die SET-Taste.

Folgende Anzeigemöglichkeiten haben Sie zur Auswahl:

* Wurde die Option *Grafikanzeige* markiert, wird unten rechts die ausgewählte Blende-Verschlusszeit-Kombination grafisch dargestellt. Diese Option ist besonders für Einsteiger zu empfehlen, da sie anhand der Skala auch erkennen, wie sich eine längere Verschlusszeit oder eine geöffnete Blende auf das Ergebnis auswirkt. Sie sehen die Option nachfolgend im linken Bild.

* Die zweite Option, die standardmäßig aktiviert ist, blendet die wichtigsten Aufnahmeeinstellungen rechts und links des Bildes ein. Sie sehen diese Variante in der vorherigen rechten Abbildung.

* Die Option *Daten n. anz.* sollten Sie auf jeden Fall aktivieren. Wenn Sie nämlich die vielen Aufnahmeparameter bei der Bildbegutachtung stören, können Sie sie mit dieser Option ausblenden. Nach dem Aktivieren werden für einen kurzen Moment noch das Belichtungsprogramm, die Bedienhinweise und der Akkuladestand angezeigt – Sie sehen dies nachfolgend links. Anschließend verschwinden auch diese Angaben.

* Sehr nützlich ist auch die *Histogramm*-Option. Das Histogramm wird unten rechts eingeblendet und kann zur Beurteilung der korrekten Belichtung genutzt werden. Falls Sie rechts oder links größere leere Bereiche sehen, ist eine Belichtungskorrektur nötig. Fehlen auf der rechten Histogrammseite Tonwerte, wird das Bild zu dunkel – sind links große leere Bereiche, wird es dagegen zu hell. Auch bei dieser Ansicht werden für einen kurzen Moment weitere Angaben eingeblendet, wie es das linke Bild zeigt.

FINDER

Die Funktion *FIN-DER/MONITOR* wurde bereits in Kapitel 4 auf Seite 106 näher erläutert.

- Die vorletzte Option – *Für Sucher* – blendet die nachfolgend links gezeigte Ansicht ein. Hier finden Sie in einer Übersicht diverse Parameter, die Sie ändern können, wenn Sie mit dem Sucher fotografieren. Sie haben die Möglichkeiten in Kapitel 5 bereits kennengelernt.

Für die Anzeigen im Sucher sind die gleichen Optionen vorhanden – mit Ausnahme der beiden letzten Optionen. Da der Sucher recht klein ist, ist es sinnvoll, die Option *Alle Infos anz.* zu deaktivieren, da die vielen Aufnahmeparameter eher stören.

Die Zebra-Warnung

Die erste Funktion auf der sechsten Seite der Benutzereinstellungen ist für Systemkameras eine recht ungewöhnliche Funktion. Die Funktion *Zebra-Einstellung* kommt normalerweise eher bei digitalen Camcordern zum Einsatz.

Die Funktion dient dazu, Bildpartien mit einer bestimmten Helligkeit hervorzuheben, um eine korrekte Belichtung des Bildes überprüfen zu können. So lassen sich Fehlbelichtungen vermeiden. Nutzen Sie die Funktion *Zebra-Anzeige* im Untermenü, um die Zebra-Anzeige zu aktivieren.

Im Untermenü *Zebra-Stufe* legen Sie fest, welche Helligkeit die angezeigten Bereiche haben sollen. Bei einem Wert von 70 % werden beispielsweise Hautpartien hervorgehoben, was für Menschen in unseren Breitengraden auf eine korrekte Helligkeit hinweist.

Sie können Werte von 70 % bis 100 % einstellen. Bei den beiden Monitoraufnahmen in der unteren Zeile wurden zum Beispiel links 70 % und rechts 90 % genutzt.

Belichtungen. *Die α6100 stellt verschiedene Hilfen bereit, um auch bei schwierigen Lichtverhältnissen perfekt belichtete Fotos zu erhalten.*

210 mm | ISO 100 | ¹/₄₀₀ Sek. | f 16

Weiter unten in der Liste finden Sie zwei 100 %-Einträge. Wurde die Option *100* gewählt, werden alle Bildteile markiert, die gerade noch nicht überbelichtet werden. Sie sollten dann beachten, dass bildwichtige helle Bereiche diese Schraffur zeigen.

Ist dagegen die Option *100+* ausgewählt, markiert die α6100 die Bildteile, die überbelichtet sind – die Bildteile zeigen also reines Weiß und weisen keinerlei Details mehr auf. Sollten in diesem Modus bildwichtige Teile markiert sein, stellen Sie eine negative Belichtungskorrektur ein. Damit wird das Bild unterbelichtet, sodass auch die zuvor überbelichteten Bildteile noch Detailzeichnung besitzen. Am Ende der Liste gibt es zwei Optionen mit der Bezeichnung *Anpassung*. Mit diesen beiden Optionen legen Sie selbst fest, welche Werte angezeigt werden sollen. Sie sehen dies nachfolgend rechts.

Gitterlinie

Die *Gitterlinie*-Funktion ist sehr nützlich. Es ist empfehlenswert, eine der drei Optionen zu aktivieren. Die verfügbaren Optionen und deren Aussehen sehen Sie in den folgenden Bildern.

- Ohne ins Detail zu gehen: Bei der Regel des Goldenen Schnitts geht man von einer Drittelung des Bildes in der Horizontalen und Vertikalen aus. Die bildwichtigen Teile sollten sich dann auf den Drittellinien oder deren Schnittpunkten befinden. Ein Horizont sollte also durch das obere oder untere Bilddrittel verlaufen. Bei Porträts könnte sich ein Auge auf einem der beiden oberen Schnittpunkte der Linien befinden. In diesen Fällen ist die Option *3x3 Raster* eine Empfehlung wert.

- Die zweite Option bietet eine Gitterlinien-Matrix von 6 x 4. Sie kann besonders bei Architektur- oder Landschaftsaufnahmen hilfreich sein, wenn es darum geht, das Bild gerade auszurichten oder einen schiefen Horizont zu vermeiden. Ein Beispielbild sehen Sie unten abgebildet.

- Bei der letzten Option gibt es ein *4x4 Raster* sowie Diagonalen. Diese können hilfreich sein, weil man als Gestaltungsregel sagt, dass aufsteigende Linien »positiv« wirken – abfallende Linien dagegen »negativ«. Daher ist diese Option ebenfalls bei der Bildgestaltung zu empfehlen.

Bildkontrolle

Mit der *Bildkontrolle*-Funktion auf der siebten Seite legen Sie fest, ob und wie lange das aufgenommene Foto zur Kontrolle auf dem Monitor angezeigt werden soll.

Architekturfotografie. *Nutzen Sie beispielsweise für Architekturaufnahmen die Gitterlinie-Funktion.*

50 mm | ISO 100 | 1/200 Sek. | f 9

Bekannte Funktionen

Die Funktion *Belich. einst.-Anleit.* wurde bereits auf Seite 63 in Kapitel 2 beschrieben – die Funktion *Anzeige Live-View* auf Seite 64.

Standardmäßig sind hier zwei Sekunden voreingestellt. Ich finde diesen Wert ein wenig kurz. Auch wenn der Akku durch eine längere Bildkontrolle natürlich mehr belastet wird, ist ein höherer Wert durchaus zu empfehlen – zumal Sie durch ein kurzes Antippen des Auslösers die Bildwiedergabe jederzeit wieder beenden können. Ich empfehle Ihnen daher, die Standardvorgabe auf mindestens fünf Sekunden – oder sogar zehn Sekunden – zu erhöhen.

Tasten anpassen

Die α6100 bietet Ihnen die Möglichkeit, verschiedenen Tasten eine andere Funktion zuzuordnen. Die dazu nötigen Funktionen finden Sie auf der vorletzten Seite der Benutzereinstellungen. Die erste Funktion trägt die Bezeichnung *BenutzerKey (Aufn.)* (»Schlüssel«-Benutzereinstellungen) und dient zum Neubelegen der Funktion der SET-Taste und der Tasten des Einstellrads sowie verschiedener anderer Tasten. Dabei wird zwischen dem Aufnahme-, dem Film- und dem Wiedergabemodus unterschieden.

Man sollte allerdings erwähnen, dass man nicht unbedingt jede Funktion nutzen muss, die die α6100 anbietet. Die Standardeinstellungen sind im Prinzip sehr logisch ausgewählt. Dennoch werde ich Ihnen die Funktionen nachfolgend vorstellen.

Wenn Sie die Funktion aufrufen, finden Sie in einem Untermenü die nachfolgend rechts abgebildeten Optionen vor. Die grafische Darstellung auf der linken Seite zeigt an, wo sich die ausgewählte Taste befindet.

Die erste Option widmet sich der AEL-Taste, die standardmäßig zum Speichern der Belichtung dient. Drücken Sie das Einstellrad unten, um zu de nächsten Option zu gelangen.

Die C2-Taste dient standardmäßig zum Anpassen des Weißabgleichs. Wenn Sie den Weißabgleich selten wechseln, bietet sich diese Taste eher an, mit einer neuen Funktion – die Sie häufiger benötigen – belegt zu werden.

Funktionalität

Bedenken Sie beim Neubelegen der Tasten auch, dass Sie die Kamera dann an niemand anderen weitergeben können, weil derjenige sich dann unter Umständen gar nicht mehr zurechtfindet.

Drücken Sie die SET-Taste, um eine Funktion auszuwählen, die der Taste zugewiesen werden soll. Je nach ausgewählter Funktion ist die Liste der verfügbaren Optionen sehr lang – Sie sehen das nachfolgend links. Scrollen Sie mit dem Einstellrad durch die Listen, um sich einen Überblick über die Möglichkeiten zu verschaffen.

Wenn Sie im Aufnahmemodus die SET-Taste (auch Mitteltaste genannt) drücken, wird standardmäßig der Augen-Autofokus aktiviert. Benötigen Sie diese Option nur selten, können Sie die Taste mit einer anderen Funktion belegen.

Halten – Umschalten

Sie finden in der Liste jeweils Optionen mit der Bezeichnung *Halten* und *Umschalten*. Wird die erste Option ausgewählt, muss die betreffende Taste gedrückt gehalten werden, während Sie die Einstellungen mit dem Einstellrad anpassen. Wird die zweite Option eingestellt, muss die Taste zum Aktivieren einmal gedrückt werden. Um sie wieder zu deaktivieren, ist ein zweites Drücken erforderlich.

Die nächsten drei Optionen widmen sich der Funktionalität, wenn Sie das Einstellrad links, rechts oder unten drücken. Auch hier ist es empfehlenswert, die Standardeinstellungen beizubehalten, weil die Funktionen häufig benötigt werden. So wird beim rechten Drücken der ISO-Wert eingestellt und beim Drücken links der Bildfolgemodus.

Beide Funktionen werden häufig benötigt und sollten daher beibehalten werden. Drücken Sie das Einstellrad unten, wird die Belichtung korrigiert. Es ist eine Empfehlung, all diese Vorgaben beizubehalten.

Standardmäßig wird mit der C1-Taste, die Sie rechts neben dem Auslöser finden, der Autofokusmodus eingestellt. Auch diese Taste können Sie personalisieren. Die letzte Option in diesem Untermenü können Sie nur nutzen, wenn Sie ein Objektiv montiert haben, das eine Fokushaltetaste besitzt. Diese Taste können Sie dann ebenfalls personalisieren.

Unbelegt

Am Ende jeder Liste finden Sie die Option *Nicht festgelegt*. Wird diese Option aktiviert, passiert nichts, wenn Sie die betreffende Taste drücken.

Tastenbelegung in anderen Modi

Nutzen Sie die zweite *BenutzerKey*-Funktion, wenn Sie im Videomodus eine andere Tastenbelegung einsetzen wollen als im Fotomodus. Die dritte *BenutzerKey*-Funktion bezieht sich auf den Wiedergabemodus. Im Wiedergabemodus lassen sich zwei Tasten neu belegen. Die Funktionstaste sehen Sie nachfolgend im linken Bild. Rechts sehen Sie die C1-Taste. Standardmäßig wird die Einstellung übernommen, die Sie im Fotomodus eingestellt haben.

Belegung der Funktionstaste

Wenn Sie die Funktionstaste drücken, können Sie sehr schnell zwölf Funktionen anpassen. So ersparen Sie sich den Umweg über das Menü. Die Funktionen in den beiden Zeilen können Sie mit der Option *Funkt.menü-Einstlg.* anpassen.

Nach dem Aufruf der Funktion finden Sie die nachfolgend rechts gezeigte Ansicht, die dem Menü der Funktionstaste nachempfunden ist.

1 Wählen Sie eine der Funktionen aus, die Sie nicht häufig benötigen. Nachfolgend sehen Sie im linken Bild, dass ich die Option *Geräuschlose Auf.* aufgerufen habe, da dies eine der weniger wichtigen Funktionen ist.

2 Drücken Sie die SET-Taste, um die verfügbaren Optionen aufzurufen. Die Liste ist sehr lang. Navigieren Sie mit dem Einstellrad zwischen den Optionen. Die aktivierte Funktion wird mit einem orange gefüllten Kreis gekennzeichnet. Sie sehen dies im rechten Bild.

3 Haben Sie die neue Funktion in der Liste gefunden, drücken Sie zum Bestätigen erneut die SET-Taste. Für ein Beispiel habe ich nachfolgend die Option *JPEG-Bildgröße* eingestellt. Im rechten Bild sehen Sie, dass die neu zugewiesene Funktion in der Ansicht auftaucht – ich habe das Symbol markiert.

4 Anschließend finden Sie nach dem Drücken der Funktionstaste die neu zugewiesene Funktion vor. Sie können die Einstellungen wie gewohnt entweder durch Drücken der SET-Taste oder durch Drehen des Einstellrads ändern.

Das Dreh- und Einstellrad anpassen

Wenn Sie im manuellen Modus fotografieren, wird die Verschlusszeit mit dem Einstellrad und die Blende mit dem Drehrad eingestellt. Diese Standardvorgabe können Sie mit der Funktion *Regler/Rad-Konfig.* umtauschen. Es ist reine Ansichtssache, welche Vorgehensweise geeigneter ist. Probieren Sie einfach aus, was Ihnen mehr zusagt.

Regler/Rad EV-Korrektur

Es ist sehr praktisch, dass Sie die Belichtungskorrektur mit dem Einstellrad festlegen können, wenn Sie es unten drücken. Wenn Sie durch den Sucher blicken, müssen Sie für eine Korrektur allerdings das Auge vom Sucher nehmen.

Wenn Sie die letzte Funktion auf der achten Seite der Benutzereinstellungen – *Regler/Rad Ev-Korr.* – aufrufen, können Sie im zuvor rechts gezeigten Menü auswählen, ob die Belichtungskorrektur mit dem Einstell- oder Drehrad eingestellt werden soll. Sie können dann das Auge beim Einstellen der Korrektur am Sucher lassen. Wenn Sie die Belichtung sehr häufig korrigieren, kann dies eine gute Alternative sein.

Berührungsmodus-Funktionen

Die Funktion *BerührModus-Funkt.* benötigen Sie, um die Touchfunktionalität festzulegen.

Folgende Optionen haben Sie zur Auswahl:

● Ist die Funktion *Touch-Auslöser* aktiviert, wird beim Antippen des Monitors auf die angetippte Position fokussiert und dann ein Foto aufgenommen.

● Bei der Option *Touch-Fokus* wird nur fokussiert. Das Auslösen erfolgt dann mit dem Auslöser.

● Mit der Option *Touch-Tracking* können Sie auf das Motiv tippen, das anschließend verfolgt werden soll, wenn es sich in Bewegung setzt.

MOVIE-Taste

Die nächste Funktion im Menü der Benutzereinstellungen können Sie in der Standardvorgabe belassen. Normalerweise geht man so vor, dass beim Aufzeichnen von Filmen mit dem Moduswahlrad in den Filmmodus gewechselt und anschließend die MOVIE-Taste gedrückt wird, um die Filmaufzeichnung zu beginnen.

Die α6100 ist aber standardmäßig so eingestellt, dass Sie immer die MOVIE-Taste drücken können, um die Filmaufzeichnung zu starten – egal, welcher Modus mit dem Moduswahlrad eingestellt wurde. Ich habe diese Option beibehalten, da dies die schnellere Variante ist.

Einschränkungen

Die Option *Touch-Auslöser* ist in einigen Fällen nicht verfügbar. So kann sie beim Aufnehmen von Filmen nicht genutzt werden – ebenso wenig bei Schwenk-Panoramen. Auch wenn Sie die Fokusfeld-Optionen *Flexible Spot* oder *Erweit. Flexible Spot* nutzen, ist sie nicht verfügbar – ebenso wenig, wenn Sie den Digitalzoom oder Klarbild-Zoom aktiviert haben.

Radsperre

Das Einstellrad lässt sich sehr leicht drehen. So kann es schnell passieren, dass Sie die Funktion aktivieren, die Sie dem Einstellrad eventuell zugewiesen haben.

Das Einstellrad kann gesperrt werden, wenn Sie die Fn-Taste einen Moment gedrückt halten. Mit der *Entsperren*-Funktion können Sie diese Möglichkeit unterbinden. Ich habe auch diese Standardvorgabe beibehalten, da die andere Vorgehensweise recht kompliziert ist.

Signaltöne

Die Funktion *Signaltöne* ist standardmäßig aktiviert. So piept die α6100 beispielsweise, wenn die korrekte Schärfe ermittelt wurde. Sie können mit der *Aus*-Funktion die Geräusche ausschalten.

Die Töne können in unterschiedlichen Situationen störend sein – beispielsweise, wenn Sie bei einer Veranstaltung fotografieren wollen.

Sportaufnahmen

Die Sportfotografie gehört zu den anspruchsvolleren Fotografiethemen. Daher eignet sich dieses Genre nur bedingt für Einsteiger in die Digitalfotografie. Besonders nützlich sind dabei ein großer Brennweitenbereich und auch ein relativ lichtstarkes Objektiv. Das erleichtert das Fotografieren von Sportlern. Um spannende Situationen zu erwischen, sind einige Geduld und viel Übung nötig. Extrem wichtig ist es außerdem, einen geeigneten Platz zu finden, von dem interessante Perspektiven möglich sind. Hier eignen sich besonders Amateurveranstaltungen zum Üben sehr gut, weil hier jedermann recht nah an das Geschehen herankommt. So können Sie etwa bei Fußballspielen im Amateurbereich bis auf wenige Meter an das Spielfeld herangehen. Das bietet zudem den Vorteil, auch kürzere Brennweiten einsetzen zu können.

Programm	Zoom	ISO	Blende	Verschlussz.
Blendenautomatik	meist Tele	egal	offen	sehr kurz

Sportaufnahmen mit der Sony α6100

Die α6100 eignet sich nur eingeschränkt für die Sportfotografie, da sie beim Fokussieren nicht so schnell ist wie größere Spiegelreflexmodelle. Außerdem benötigen Sie ein Teleobjektiv, um nah genug an die Sportler heranzukommen.

Fototipp

Ausschuss
Es ist völlig normal, dass bei Sportaufnahmen später nur ein kleiner Teil der Aufnahmen verwendet werden kann, weil beispielsweise falsche Bildpartien scharf abgebildet sind. Schießen Sie daher ausreichend viele Bilder und suchen Sie am PC die besten heraus.

⊡ **Standardformation.** *Ich war bei der Aufnahme als Zuschauer relativ nah am Geschehen.*

200 mm (Bildausschnitt) | ISO 100 | 1/500 Sek. | f 5.6

8 Das Setup-Menü

Im Setup-Menü der Sony α6100 nehmen Sie Grundeinstellungen vor, die die Kamera selbst betreffen. So konfigurieren Sie hier die Anschlüsse oder formatieren eine Speicherkarte. Wie es am besten klappt, erfahren Sie in diesem Kapitel.

Die Möglichkeiten

Auf der vorletzten Registerkarte, die sich Setup-Menü nennt, sind auf sechs Seiten insgesamt 34 verschiedene Funktionen untergebracht. Die Funktionen dienen dazu, um beispielsweise die Grundeinstellungen der Kamera vorzunehmen – wie etwa die Datums- oder Spracheinstellung.

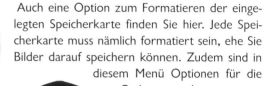

Auch eine Option zum Formatieren der eingelegten Speicherkarte finden Sie hier. Jede Speicherkarte muss nämlich formatiert sein, ehe Sie Bilder darauf speichern können. Zudem sind in diesem Menü Optionen für die Ordnerverwaltung untergebracht.

Außerdem sind auf dieser prall gefüllten Registerkarte Optionen zu finden, um beispielsweise die Monitorhelligkeit anzupassen oder das Kachelmenü zu aktivieren. Die Funktionen dieses Menüs werden Sie in den meisten Fällen nur ein einziges Mal benötigen. Ist die Kamera erst einmal perfekt eingerichtet, werden Sie die Funktionen dieses Menüs nur noch sehr selten aufrufen. Nehmen Sie sich daher einen Moment Zeit, um die verfügbaren Optionen zu begutachten und gegebenenfalls anzupassen.

Auch in diesem Kapitel werde ich den wirklich wichtigen Funktionen etwas mehr Platz einräumen und Ihnen jeweils Hinweise für die praktische Anwendung geben.

Den Monitor anpassen

Die erste Funktion im Setup-Menü benötigen Sie zum Anpassen der Monitorhelligkeit. In den meisten Fällen sind die werkseitig eingestellten Werte in Ordnung und brauchen nicht korrigiert zu werden.

Wenn Sie dennoch eine Korrektur vornehmen wollen, haben Sie verschiedene Optionen. Nach dem Aufruf der Funktion finden Sie die auf der nächsten Seite links oben gezeigte Ansicht vor. Drücken Sie die SET-

Taste, um das nachfolgend rechts gezeigte Menü zu öffnen. Hier finden Sie eine Option für sonniges Umgebungslicht und eine für die manuelle Einstellung.

Nach der Auswahl der Option *Manuell* wird die unten gezeigte Ansicht geöffnet. Stellen Sie die gewünschte Helligkeit durch Drücken des Einstellrads rechts oder links ein. Es ist empfehlenswert, die Monitorhelligkeit dort einzustellen, wo Sie die Kamera am häufigsten nutzen.

Graukeil

Wenn die Helligkeit korrekt eingestellt ist, sind alle elf Stufen des Graukeils erkennbar. Verschmelzen Felder, ist eine Korrektur nötig.

⚡ **Umgebungslicht.** *Besonders bei hellem Umgebungslicht fällt die Beurteilung auf dem Monitor schwer.*

27 mm | ISO 100 | 1/500 Sek. | f 11

Bekanntes

Die beiden Sucheroptionen finden Sie in Kapitel 4 auf Seite 106.

Lautstärke anpassen

Wenn Sie sich aufgenommene Videos am Monitor ansehen wollen, ist die nächste Option interessant. Ist der Ton zu leise, können Sie die Option *Lautstärkeeinst.* aufrufen.

Mit der nachfolgend in der rechten Abbildung gezeigten Skala kann die Lautstärke variiert werden. Um den Ton lauter zu stellen, drücken Sie nach dem Aufruf der Funktion das Einstellrad rechts.

Gestaltete Hilfestellungen

Die nächste Funktion des Setup-Menüs beherbergt keinerlei »Funktionalität«. Hier geht es ausschließlich um die Gestaltung des Menüs beim Aufruf. Wurde die Funktion *Kachelmenü* aktiviert, erscheint beim Aufruf des Menüs die nachfolgend rechts abgebildete Kachelansicht. Ist die Option deaktiviert, sehen Sie nach dem Drücken der MENU-Taste die zuletzt aufgerufene Registerkarte und die zuletzt verwendete Funktion wird ausgewählt.

Ich empfehle Ihnen, diese Vorgabe beizubehalten, da es in der Praxis häufig vorkommt, dass man die zuletzt aufgerufene Funktion erneut benötigt. So ersparen Sie sich den Umweg über das Kachelmenü.

Modusregler-Hilfe

Die Option *Modusregler-Hilfe* ist standardmäßig aktiviert. Daher werden die nachfolgend gezeigten »Hilfeseiten« eingeblendet, wenn Sie das Moduswahlrad auf eine andere Position drehen oder ein neues Motivprogramm auswählen.

Auf den Hilfeseiten erhalten Sie eine kurze Beschreibung des ausgewählten Motivprogramms oder der Wirkungsweise eines Belichtungsprogramms – wie im vorherigen linken Bild. Im oberen rechten Bild sehen Sie ein Beispiel der Motivprogrammauswahl.

Diese Hilfestellungen sind besonders für Einsteiger nützlich und hilfreich. Wenn Sie allerdings Ihre α6100 ausreichend gut kennengelernt haben, werden Sie einen Nachteil bemerken: Es dauert nämlich länger, zwischen den unterschiedlichen Modi zu wechseln, weil die Modusregler-Hilfe erst bestätigt werden muss. In diesem Fall ist es sinnvoll, die Funktion *Modusregler-Hilfe* zu deaktivieren. Dann sind Sie beim Wechseln der Belichtungsmodi immer sofort aufnahmebereit.

Löschbestätigung

Bei der nächsten Funktion ist es unbedingt empfehlenswert, die Standardvorgabe beizubehalten. Wenn Sie im Wiedergabemodus die im Bild rechts markierte Taste mit dem Mülleimersymbol drücken, wird das aktuell angezeigte Bild nach einer Sicherheitsabfrage gelöscht.

Bei der Standardvorgabe ist – wie im folgenden rechten Bild – die *Abbrechen*-Option markiert. Um das Bild also wirklich zu löschen, müssen Sie zunächst mit dem Einstellrad zur *Löschen*-Option navigieren und dann die SET-Taste drücken.

Es ist wenig sinnvoll, die Standardvorgabe zu verändern und die *Löschen*-Option zu markieren. Sie könnten dann schnell einmal »aus Versehen« ein Bild löschen, was Sie nicht wieder rückgängig machen können.

Anzeigequalität

Die *Anzeigequalität*-Option wird verwendet, um die Darstellungsqualität der Bilder gegebenenfalls zu verbessern. Ich empfehle Ihnen aus zwei Gründen, die voreingestellte *Standard*-Option beizubehalten:

Laut Sony soll die höhere Qualität mehr Batteriestrom verbrauchen. Ich lasse einmal dahingestellt, ob diese Aussage zutrifft. Der zweite Grund ist, dass der Monitor – so gut er auch ist – für eine »Endkontrolle« der aufgenommenen Bilder nicht genutzt werden kann. Die Qualität der Bilder können Sie letztendlich erst nach der Übertragung auf dem PC-Monitor beurteilen.

Energiesparmodus

Wenn Sie Ihre α6100 eine vorgegebene Zeitspanne lang nicht bedienen, schaltet sie sich automatisch aus, um Strom zu sparen. Das ist wichtig, weil Sie andernfalls weniger Fotos aufnehmen könnten, weil der Akku erschöpft ist. Den Vorgabewert können Sie mit der Funktion *Energiesp.-Startzeit* ändern. Sie haben dabei die Optionen *10 Sek.*, *1 Minute*, *2 Minuten*, *5 Minuten* und *30 Minuten* zur Auswahl.

Die niedrigsten und der höchste Wert sind wenig empfehlenswert, da die Spanne viel zu niedrig beziehungsweise viel zu hoch ist. Mir persönlich ist die vorgegebene *1 Minute* zu kurz, zumal man nach dem Wiedereinschalten einen Moment warten muss, ehe man wieder aufnahmebereit ist. Ich habe daher *5 Minuten* eingestellt.

Abschaltung bei hoher Temperatur

Wenn Sie beispielsweise viel filmen, kann es passieren, dass die Kamera überhitzt. In einem solchen Fall wird sie zum Schutz automatisch abgeschaltet. Mit der Funktion *Autom. AUS Temp.* können Sie mit der *Hoch*-Option festlegen, dass die Kamera erst bei einer höheren Temperatur als bei der *Standard*-Vorgabe abgeschaltet werden soll. Sie sollten auch hier die Vorgabe beibehalten.

Bekanntes

Die Funktion *NTSC/PAL-Auswahl* habe ich bereits in Kapitel 4 ab Seite 114 beschrieben – den Reinigungsmodus auf Seite 107. Die drei Optionen, die sich auf den Touchmonitor beziehen, wurden ab Seite 89 erläutert. Informationen über die *HDMI*-Funktion finden Sie ab Seite 112. Die drei USB-Funktionen haben Sie ab Seite 111 kennengelernt. Die *Sprache*-Funktion wurde in Kapitel 1 auf Seite 28 besprochen – ebenso wie die Funktion *Datum/Uhrzeit* und die *Gebietseinstellung*. Die Informationen zur *Dateinummer*-Funktion habe ich Ihnen in Kapitel 4 auf Seite 108 nähergebracht.

Demo-Modus

Die *Demo-Modus*-Funktion ist für den Fotografen eine »unnütze« Funktion. Sie ist nur verfügbar, wenn sich geschützte AVCHD-Filme auf der Speicherkarte befinden. Wird die Kamera etwa eine Minute lang nicht bedient, werden die Filme zur Demonstration auf dem Monitor angezeigt. Dies können etwa Geschäfte zur Präsentation nutzen. Sie sollten diese Funktion deaktiviert lassen, was auch die Standardvorgabe ist.

4K-Ausgabe

Auf die Funktion *4K-Ausg.Auswahl* im Setup-Menü können Sie nur dann zugreifen, wenn Sie zuvor den Videomodus und die 4K-Videooption eingestellt haben und die Kamera außerdem mit einem 4K-kompatiblen Wiedergabe-/Aufnahmegerät verbunden ist. Im nachfolgend rechts gezeigten Untermenü legen Sie dann fest, ob Sie Videos gleichzeitig auf der Speicherkarte und dem externen Aufnahmegerät aufzeichnen wollen, was die Standardvorgabe ist.

Formatieren

Die *Formatieren*-Funktion benötigen Sie, wenn Sie eine neue Speicherkarte erworben haben. Jede Speicherkarte muss formatiert sein, damit Daten darauf gespeichert werden können. Falls die Speicherkarte noch nicht formatiert ist, können Sie dies mit der *Formatieren*-Funktion auf der fünften Seite des Setup-Menüs erledigen.

Sie können die *Formatieren*-Funktion auch verwenden, wenn alle Fotos gelöscht werden sollen, die sich auf der Speicherkarte befinden. Alternativ zum Formatieren in der α6100 kann jede Speicherkarte aber auch mit dem Windows-Ordnerfenster formatiert werden, wenn Sie die Speicherkarte in das Kartenlese-gerät des PCs eingelegt haben.

Nach dem Aufruf der *Formatieren*-Funktion wird eine Warn-meldung angezeigt, die darauf hinweist, dass alle eventuell vor-handenen Bilder nach dem Bestätigen gelöscht werden. Sie sehen dies im vorherigen rechten Bild. Je nach Größe der Spei-cherkarte dauert das Formatieren eine Weile. Während des Formatierens darf die Kamera nicht ausgeschaltet oder die Spei-cherkarte entnommen werden. Ansonsten wird sie beschädigt.

Ordner-Optionen

Die α6100 speichert die aufgenommenen Fotos in automatisch generierten Ordnern und vergibt fortlaufende Nummerierun-gen – das haben Sie bereits in Kapitel 4 auf Seite 108 kennen-gelernt.

Wenn sich mehrere Ordner auf der Speicherkarte befinden, nutzen Sie die Option *REC-Ordner wählen* im Setup-Menü. Nach dem Aufruf der Funktion können Sie mit dem Einstellrad in der rechts gezeigten Übersicht einen Ordner auswählen, der sich auf der Speicherkarte befindet. Alle Fotos werden immer im aktuell ausgewählten Ordner gespeichert. Falls Sie Ordner nach dem Datumsformat erstellen, können Sie den Ordner nicht aus-wählen.

Neue Ordner erstellen

Mit der nächsten Funktion wird ein neuer Ordner erstellt. Op-tionen haben Sie dabei allerdings keine zur Verfügung.

Der neue Ordner wird einfach fortlaufend nummeriert – Sie sehen dies im vorherigen rechten Bild. Wenn sich in einem Ordner 4.000 Bilder befinden, erstellt die α6100 automatisch einen neuen Ordner.

Ordnerformat

Standardmäßig benennt die Kamera die Ordner nach dem Muster *100MSDCF*. Es ist durchaus empfehlenswert, diese Standardvorgabe beizubehalten.

⬇ **Hamburg.** *Der Sensor der α6100 bietet eine exzellente Bildqualität.*

22 mm | ISO 100 | ¹/₂₅₀ Sek. | f 8

Stellen Sie mit der *Ordnername*-Funktion die Option *Datumsformat* ein, wird die letzte Ziffer der Jahreszahl und dann */MM/TT* nach der Ordnernummer (100) verwendet. Ein Ordner könnte dann also 10091115 heißen – für den 15.11.2019.

Bilddatenbank

Die α6100 erstellt eine Bilddatenbank, damit die Bilder auf der Speicherkarte betrachtet werden können. Legen Sie eine neue Speicherkarte ein, werden Sie darauf hingewiesen, dass eine Bilddatenbank generiert werden muss. Falls es zu Problemen mit der Bilddatenbank kommt, rufen Sie die Funktion *Bild-DB wiederherst.* auf, mit der die Bilddatenbank repariert wird.

Akku

Achten Sie beim Erstellen der Bild-datenbank darauf, dass der Akku geladen ist, da es andernfalls zur Beschädigung der Daten kommen kann.

Medien-Info und Firmware

Nach dem Aufruf der Funktion *Medien-Info anzeig.* wird im folgenden links gezeigten Menü angezeigt, wie viele Fotos mit den aktuellen Einstellungen auf die Speicherkarte passen und wie lang ein aufgezeichneter Film sein kann. Nach dem Aufruf der *Version*-Option wird die aktuelle Firmware-Version angezeigt.

Einstellungen zurücksetzen

Mit der letzten Funktion des Setup-Menüs setzen Sie mit der Option *Initialisieren* sämtliche Einstellungen auf die Werksein-stellungen zurück – die Option *Kameraeinstlg. Reset* setzt dagegen nur die wichtigsten Aufnahmeeinstellungen zurück.

Die Registerkarte Mein Menü

Neu hinzugekommen ist bei der α6100 eine weitere Registerkarte mit der Bezeichnung *Mein Menü-Einstellung*. Sie können sie nutzen, um selbst Funktionen zusammenzustellen, die Sie besonders häufig benötigen. So sparen Sie sich beim Aufruf von Funktionen das Scrollen durch die verschiedenen Registerkarten und einzelnen Menüseiten.

1 Nutzen Sie die Funktion *Einheit hinzufügen*, um eine neue Funktion in das eigene Menü aufzunehmen. Wählen Sie in der rechts gezeigten Ansicht die aufzunehmende Funktion aus.

2 Nehmen Sie auf dieselbe Art und Weise weitere Funktionen in die Liste auf. Bei jeder neuen Funktion können Sie wählen, an welcher Position der neue Eintrag eingefügt werden soll.

3 Die neuen Optionen werden auf der ersten Menüseite eingefügt – die Verwaltungseinstellungen wandern dadurch auf die zweite Seite. Hier finden Sie nun Optionen, um die neuen Einträge beispielsweise zu sortieren oder zu löschen. Im folgenden rechten Bild sehen Sie das Neusortieren einer Funktion. Bestätigen Sie die jeweiligen Eingaben mit der SET-Taste.

Tieraufnahmen

Bei der Tierfotografie trennt man zwischen mehreren Bereichen. Als Erstes werden sich viele Einsteiger dem Fotografieren ihrer Haustiere widmen. Dabei ist es wichtig, möglichst »typische« Verhaltensweisen abzulichten.

Wenn Sie Ihr Haustier in Innenräumen aufnehmen, reicht der integrierte Blitz völlig aus, da Sie das Tier ja nicht aus größerer Entfernung ablichten. Haben Sie dann Gefallen an der Tierfotografie gefunden, bietet sich ein Zoobesuch an. Hier haben Sie nicht nur den Vorteil, dass Sie auch wirklich Tiere finden – im Gegensatz zum Fotografieren von Tieren im Freien. Da die Tiere Menschen gewohnt sind, verhalten sie sich auch meist recht ruhig, sodass Sie sie in aller Ruhe fotografieren können. Die »Königsdisziplin« der Tierfotografie ist die sogenannte Wildlife-Fotografie, bei der frei lebende Tiere in der Wildnis fotografiert werden.

Programm	Zoom	ISO	Blende	Verschlussz.
Programmautomatik	leichtes Tele	egal	offen	eher kurz

Tieraufnahmen mit der Sony α6100

Einschränkungen gibt es beim Fotografieren von Tieren mit der α6100 nur, wenn sich die Tiere allzu schnell bewegen und der Autofokus sie nicht schnell genug erfassen kann.

Fototipp

Übung

Wenn Sie Einsteiger sind, sollten Sie nicht sofort versuchen, Ihr »herumspringendes« Haustier abzulichten, da hierfür ein wenig Übung notwendig ist. Versuchen Sie sich zunächst zum Üben an den etwas »ruhigeren Szenen«.

⚑ Katzendame. *Viele Fotografen lichten besonders gerne ihre Haustiere ab – egal ob im Freien oder in Räumen.*

16 mm | ISO 100 | 1/60 Sek. | f 4.5 | int. Blitz

70 mm | ISO 100 | 1/250 Sek. | f 8

9 Das Wiedergabe-Menü

Im Wiedergabe-Menü der α6100 werden verschiedene Optionen bereitgestellt, die bei der Wiedergabe der Fotos von Bedeutung sind. Welche Möglichkeiten sich hier bieten, erfahren Sie in diesem Kapitel.

Das Wiedergabe-Menü kennenlernen

Auf der *Wiedergabe*-Registerkarte finden Sie Funktionen, die sich auf die Bildwiedergabe beziehen. So können Sie sich beispielsweise eine Diaschau ansehen oder hochkant aufgenommene Fotos drehen.

Zudem benötigen Sie die Funktionen des *Wiedergabe*-Menüs, wenn Sie andere Ansichten für die aufgenommenen Bilder benötigen als die Standardansicht. So können Sie etwa bestimmte Ordner anzeigen oder eine Indexbildansicht betrachten, um einen schnellen Überblick zu erhalten.

Bilder schützen

Schutz
Geschützte Fotos werden beim Löschen nicht berücksichtigt.

Mit der *Schützen*-Funktion im *Wiedergabe*-Menü haben Sie die Möglichkeit, Fotos vor einem versehentlichen Löschen zu schützen. Im Untermenü – das Sie nachfolgend rechts abgebildet sehen – finden Sie Optionen, um mehrere Bilder nacheinander zu markieren oder ein bestimmtes Datum zur Auswahl einzusetzen.

Drücken Sie bei der Option *Mehrere Bilder* die SET-Taste für die Auswahl der betreffenden Fotos. Wird sie erneut gedrückt, wird der Schutz aufgehoben. Sie erkennen den Schutz an dem Haken im Kästchen links im Bild – ich habe dies im nachfolgenden linken Bild markiert.

Bestätigen Sie die Zuweisung durch Drücken der MENU-Taste. Anschließend wird eine Sicherheitsabfrage eingeblendet, die mit der SET-Taste bestätigt werden muss. Im Bild unten rechts sehen Sie, dass ein Schlüsselsymbol geschützte Fotos bei der Wiedergabe kennzeichnet.

Bilder drehen

Wenn Sie hochkant aufgenommene Bilder nicht mit der Funktion *Anzeige-Drehung* automatisch gedreht haben, können Sie alternativ dazu die *Drehen*-Funktion aus dem *Wiedergabe*-Menü einsetzen.

Nach dem Aufruf der Funktion können Sie zwischen den Bildern navigieren, indem Sie das Einstellrad rechts oder links drücken. Haben Sie das zu drehende Bild gefunden, drücken Sie die SET-Taste. Das Bild wird dann um 90° gegen den Uhrzeigersinn gedreht. Gegebenenfalls können Sie weitere Bilder drehen. Um den Vorgang zu beenden, drücken Sie die MENU-Taste.

Bilder löschen

Nicht jedes Foto wird Ihnen gelingen (selbst dem größten Meister passiert das immer wieder) – bei der digitalen Fotografie spielt dies aber kaum eine Rolle. Schließlich kosten digitale Fotos – im Gegensatz zu ihren analogen Pendants – nichts (außer ein wenig Archivierungskosten). Was nicht gefällt, wird einfach gelöscht – fertig. So können Sie auch ruhig mal Trial-and-Error-Shots schießen, einfach ausprobieren, was eventuell gut aussehen könnte – wenn es nicht gelingt, wird das betreffende Foto eben vernichtet, entweder gleich nach der Aufnahme oder später beim Durchstöbern der Ergebnisse.

Einzelne Bilder löschen Sie im Wiedergabemodus am schnellsten, wenn Sie die Taste mit dem Mülleimersymbol verwenden – sie ist im Bild links markiert. Nach dem Drücken der Taste wird eine Sicherheitsabfrage eingeblendet. Erst nach dem Bestätigen wird das Bild gelöscht.

Falls der Löschvorgang abgebrochen werden soll, verwenden Sie die *Abbrechen*-Option oder drücken die MENU-Taste. Wenn Sie im *Wiedergabe*-Menü die *Löschen*-Funktion aufrufen, gibt es die Möglichkeit, einzelne oder mehrere Fotos zu löschen. Zudem lassen sich Bilder eines bestimmten Datums löschen.

Gehen Sie beim Löschen von Bildern folgendermaßen vor:

1 Wurde die Funktion *Mehrere Bilder* aufgerufen, die Sie nachfolgend links sehen, werden die Fotos, die sich auf der Speicherkarte befinden, angezeigt. Sie können dabei die Ansicht wie gewohnt mit der DISP-Taste verändern, um die Aufnahmedaten ein- oder auszublenden.

2 Drücken Sie das Einstellrad rechts oder links, um zwischen den vorhandenen Fotos zu navigieren.

3 Bei allen Ansichten sehen Sie links ein leeres Kästchen, das zum Markieren der zu löschenden Fotos dient. Ich habe es im folgenden rechten Bild markiert.

Zeit sparen

Wenn Ihnen der Löschvorgang zu lange dauert und Sie noch ausreichend Speicherplatz für kommende Aufnahmen haben, sollten Sie die Bilder am Rechner löschen – das geht nämlich schneller.

4 Navigieren Sie zu den Bildern, die Sie löschen wollen. Drücken Sie die SET-Taste, um die Bilder zu markieren.

5 Nach dem Markieren sehen Sie in dem Kästchen einen Haken – er ist nachfolgend im linken Bild hervorgehoben.

6 Um den Löschvorgang abzuschließen, drücken Sie die MENU-Taste. Dann wird eine Sicherheitsabfrage eingeblendet, die Sie nachfolgend rechts sehen. Nach dem Bestätigen werden die Bilder gelöscht.

7 Um Bilder eines bestimmten Datums zu löschen, wählen Sie im Wiedergabemodus ein Foto aus, das am betreffenden Tag aufgenommen wurde.

8 Rufen Sie dann die *Löschen*-Option *Alle mit diesem Dat.* auf. Nach dem Bestätigen der Sicherheitsabfrage werden die Fotos gelöscht.

Beurteilung. Beurteilen Sie am Monitor kurz das Ergebnis. Falls etwas nicht geklappt hat, löschen Sie das Bild einfach.

210 mm | ISO 100 |
1/400 Sek. | f 5.6

Bilder bewerten

Nutzen Sie die *Bewertung*-Funktion, wenn Sie Fotos mit Sternen versehen wollen. Drücken Sie nach dem Aufruf der Funktion die SET-Taste, um zur Bewertungseinstellung zu gelangen. Drücken Sie das Einstellrad rechts, um die Sternenanzahl zu erhöhen, oder links, um sie zu reduzieren. Schließen Sie die Eingabe mit der SET-Taste ab.

BenutzerKey-Option

Sie können die Möglichkeit des Bewertens mit der *BenutzerKey*-Funktion auch einer Taste zuweisen. Nutzen Sie dann die Funktion *Bewertung (Ben.Key)*, um festzulegen, welche Sternebewertungen verfügbar sein sollen.

Druckauftrag

Um Bilder auf einem DPOF-kompatiblen Drucker auszugeben, verwenden Sie die Funktion *Ausdrucken*. DPOF steht für Digital Print Order Format. Dabei handelt es sich um einen digitalen Druckauftrag, der von kompatiblen Druckern verarbeitet werden kann. Auch PictBridge-Drucker können die Druckaufträge verarbeiten. Der Druckauftrag enthält eine Liste der zu druckenden Bilder.

Stellen Sie mit der *Druckeinstellung*-Option ein, ob das Aufnahmedatum mit in den Bericht aufgenommen werden soll – Sie sehen diese Option rechts.

Mit der Option *Mehrere Bilder* wählen Sie die Fotos aus, die in den DPOF-Bericht aufgenommen werden sollen. Drücken Sie die SET-Taste, sodass ein Haken im Feld links erscheint.

Ich habe dies nachfolgend im linken Bild markiert. An dem im rechten Bild hervorgehobenen Symbol erkennen Sie, wie viele Bilder bereits in den Druckauftrag aufgenommen wurden.

Sind alle gewünschten Bilder markiert, drücken Sie die MENU-Taste. Anschließend ist eine zweimalige Bestätigung der Angaben nötig. Soll ein bereits bestehender Druckauftrag gelöscht werden, rufen Sie die Funktion *Alles aufheben* aus dem Hauptmenü auf.

Sie können dann die Speicherkarte entnehmen, um die markierten Bilder mit einem DPOF-kompatiblen Drucker auszudrucken. Im Verzeichnis *MISC* finden Sie die Datei *AUTPRINT.MRK*, die die Druckanweisungen enthält.

Bilder, die im RAW-Modus aufgenommen wurden, können nicht für einen Druckauftrag verwendet werden – dies ist nur bei JPEG-Bildern möglich. Auch Filme können natürlich nicht mit in die Liste aufgenommen werden.

Die Fotoaufzeichnung-Funktion

Die erste Funktion auf der zweiten Seite des *Wiedergabe*-Menüs – *Fotoaufzeichnung* – ist nur verfügbar, wenn Sie im Wiedergabemodus einen Film markiert haben. Nach dem Aufruf können Sie mit dem Einstellrad zu einem bestimmten Filmbild navigieren.

Drücken Sie dann im Pausenmodus das Einstellrad unten, damit das aktuelle Bild als gesondertes Foto auf die Speicherkarte übertragen wird.

Vergrößerte Ansichten anzeigen

Mit der *Vergrößern*-Option auf der zweiten Seite der Wiedergabe-Registerkarte haben Sie dieselben Möglichkeiten, die bereits in Kapitel 1 beschrieben wurden. Dort wurde die AEL-Taste zum Vergrößern der Ansicht im Wiedergabemodus eingesetzt. Insofern ist die *Vergrößern*-Funktion im Menü eigentlich überflüssig, weil das Drücken der AEL-Taste viel schneller ist.

Nutzen Sie die Funktion *Anf.faktor vergröß.*, um festzulegen, ob die Standardvergrößerungsstufe oder die zuvor verwendete Vergrößerung angezeigt werden soll. Mit der Funktion *Anf. pos. vergröß.* legen Sie fest, ob die Bildmitte oder die fokussierte Position vergrößert werden soll, was die Standardvorgabe ist.

Fokus

Da man in der vergrößerten Ansicht meistens das korrekte Fokussieren prüfen will, ist es empfehlenswert, die Standardvorgabe beizubehalten.

Intervallaufnahmen ansehen

Die beiden folgenden Optionen widmen sich der Wiedergabe von Serien- oder Intervallaufnahmen. Mit der Funktion *Kont. Wgb. f. Intv.* legen Sie fest, ob die Aufnahmen kontinuierlich wiedergegeben werden sollen. Die Geschwindigkeit der Wiedergabe legen Sie mit der Funktion *WdgGeschw. Intv.* fest.

Diaschau anzeigen

Vielleicht wollen Sie sich die aufgenommenen Bilder ja als Diaschau ansehen – wobei der Begriff »Diaschau« etwas hochgegriffen ist. Bei dieser Funktion werden die Fotos einfach automatisch der Reihe nach für eine bestimmte Zeitspanne angezeigt. Mit der *Diaschau*-Option legen Sie die Einstellungen für die Bildanzeige fest und starten den Ablauf.

Einstellung

Die *Diaschau*-Option kann nur eingesetzt werden, wenn Sie als Ansichtsmodus die Option *Datums-Ansicht* oder *Ordnerans. (Standbild)* aktiviert haben.

Navigation

Drücken Sie das Einstellrad oben oder unten, um zwischen den verschiedenen Optionen zu navigieren. Mit der *Eingabe*-Option starten Sie die Diaschau.

Die Option *Intervall* wird verwendet, um die Standzeit der Bilder festzulegen. Nach dem Aufruf der Funktion können Sie im zuvor rechts gezeigten Untermenü zwischen den Standzeiten 1, 3, 5 und 10 Sekunden wählen – hinzu kommt die Option *30 Sek*. Im Hauptmenü legen Sie außerdem mit der *Wiederholen*-Funktion fest, ob die Diaschau wiederholt werden soll, wenn alle Bilder angezeigt wurden.

Diaschau-Optionen

Verwenden Sie die *Eingabe*-Option, um die Diaschau zu starten. Alle Fotos werden in der Reihenfolge der Aufnahme nacheinander angezeigt. Während des Diaschau-Ablaufs haben Sie einige Optionen, die in der Fußzeile angezeigt werden.

↕ Am Abend.
Präsentieren Sie Ihre schönsten Bilder als Diaschau auf dem Monitor Ihrer α6100.

19 mm | ISO 100 | $^1/_{160}$ Sek. | f 8

Drücken Sie das Einstellrad rechts oder links, um zwischen den Bildern zu blättern. Soll die Lautstärke verändert werden, drücken Sie das Einstellrad unten. Damit blenden Sie die zuvor rechts abgebildete Skala ein.

Wollen Sie zum *Wiedergabe*-Menü zurückkehren, drücken Sie die Wiedergabetaste – das Gleiche erreichen Sie durch Drücken der MENU-Taste. Um zum Aufnahmemodus zu gelangen, muss einfach der Auslöser gedrückt werden.

Den Ansichtsmodus wählen

Alternativ zum Wechseln der Ansichtsmodi, die Sie bereits in Kapitel 1 ab Seite 36 kennengelernt haben, können Sie auch mit der Menüfunktion *Ansichtsmodus* zwischen den vielen verschiedenen Ansichtsarten wechseln. Nutzen Sie die Optionen im Menü, haben Sie einige erweiterte Möglichkeiten.

So können Sie beispielsweise eine andere Anzahl an Indexbildern einsetzen, um mehr Bilder auf einmal anzeigen zu lassen. Folgende Optionen stehen Ihnen zur Verfügung:

* Nach dem Aufruf der *Ansichtsmodus*-Funktion finden Sie die rechts abgebildeten fünf Optionen in einem Untermenü vor. Navigieren Sie mit dem Einstellrad zwischen den Optionen. Um eine Option auszuwählen, drücken Sie die SET-Taste.

* Wurde die Option *Datums-Ansicht* aufgerufen, wird ein Kalenderblatt mit dem aktuellen Monat eingeblendet. An jedem Tag, an dem Sie Fotos aufgenommen haben, sehen Sie ein Miniaturbild. Dabei wird immer das erste Bild eines Tages als Miniatur angezeigt.

* Navigieren Sie mit dem Einstellrad innerhalb der Tage. Dabei ist es egal, ob Sie es drehen oder drücken – das Drehen des Einstellrads klappt meist ein wenig schneller. Der ausgewählte Tag

wird mit einem orangefarbenen Rahmen markiert. Ich habe dies im folgenden linken Bild gekennzeichnet.

- Wollen Sie den Monat wechseln, navigieren Sie zur Monatsbezeichnung, sodass sie orange hervorgehoben wird – wie im rechten Bild. Drücken Sie dann das Einstellrad oben oder unten, um zum vorherigen oder nächsten Monat zu wechseln.

- Wenn Sie sich im Feld der Monatsangabe befinden und das Einstellrad erneut links drücken, gelangen Sie in den Bereich ganz links – Sie sehen dies in der folgenden linken Abbildung. Dort habe ich als Beispiel die *AVCHD*-Option aufgerufen. Über die dort befindlichen Optionen erreichen Sie übrigens die gleichen Ansichten, die Sie auch im Hauptmenü vorfinden, die rechts abgebildet sind.

Bestimmte Ordner auswählen

Drücken Sie in der Ansicht ganz links das Einstellrad unten, gelangen Sie zur folgenden Ansicht, die im Menü *Ordnerans. (Standbild)* genannt wird. Mit dieser Option werden nur die Bilder angezeigt, die sich im ausgewählten Ordner befinden.

Um zwischen den verfügbaren Ordnern zu wählen, drücken Sie das Einstellrad rechts. Der ausgewählte Ordner wird dann mit einem orangefarbenen Rahmen versehen. Sie sehen das im vorherigen rechten Bild. Um den ausgewählten Ordner zu öffnen, drücken Sie die SET-Taste. Sie gelangen damit zur nachfolgend links gezeigten Indexbildansicht. Wollen Sie das Bild groß betrachten, drücken Sie die SET-Taste erneut. Sie sehen die vergrößerte Ansicht nachfolgend rechts.

Um von der vergrößerten Ansicht zurück zur Ordneransicht zu gelangen, muss das Einstellrad unten gedrückt werden – so erreichen Sie wieder die Indexbildansicht, von der aus Sie in den Balken ganz links wechseln können. Dies ist in der Abbildung rechts zu sehen. Nach dem Drücken der SET-Taste kann dann ein anderer Ordner ausgewählt werden. Drücken oder drehen Sie das Einstellrad, um innerhalb der verfügbaren Miniaturbildansichten zu scrollen.

Filme ansehen

Die letzten drei Optionen widmen sich der Ansicht der auf der Speicherkarte befindlichen Filme. Dabei wird nach den unterschiedlichen Aufnahmeformaten getrennt.

Symbol

Filme – egal welchen Formates – werden mit einem Wiedergabesymbol in der Bildmitte gekennzeichnet.

Das ist nützlich, weil Sie sich so das Durchscrollen der gesamten Liste sparen können, wenn Sie einen Film wiedergeben wollen. Die Optionen beziehen sich auf Filme, die Sie in den Formaten AVCHD, XAVC S HD und XAVC S 4K aufgenommen haben.

Wurden an einem Tag mehrere Filme aufgenommen, erreichen Sie sie, indem Sie nach dem Aufruf des betreffenden Tages die SET-Taste drücken.

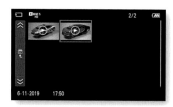 

Anzahl der Indexbilder

Mit der *Bildindex*-Funktion im *Wiedergabe*-Menü legen Sie fest, wie viele Bilder in der Indexbildansicht wiedergegeben werden sollen. Die Funktion bietet die Möglichkeit an, wahlweise zwölf oder 30 Fotos gleichzeitig anzuzeigen. Das untere rechte Bild zeigt die zweite Variante.

 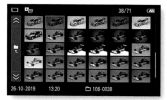

Als Gruppe anzeigen

Nutzen Sie die Option *Als Gruppe anzeigen*, um festzulegen, wie Serien- und Intervallaufnahmen angezeigt werden sollen.

Bilder automatisch drehen

Die α6100 kann automatisch erkennen, wenn Sie die Kamera zum Beispiel für hochformatige Aufnahmen um 90° nach rechts oder links drehen. Diese mitgespeicherte Information kann bei der Wiedergabe im Menü weiterverarbeitet werden, sodass derartige Bilder aufrecht angezeigt werden.

Damit dies klappt, müssen Sie die Option *Anzeige-Drehung* auf *Manuell* stellen. Erwähnt werden muss allerdings, dass die Funktion nicht absolut zuverlässig arbeitet. Das gilt beispielsweise dann, wenn die Kamera nach oben oder unten gerichtet wird.

⬇ Herbst. *Beim Betrachten der Bilder können Sie Strukturierungshilfen nutzen.*

210 mm | ISO 100 | 1/250 Sek. | f 5.6

Es gibt aber auch Gründe, die Funktion mit *Aus* zu deaktivieren. Wenn hochformatige Bilder auf dem Monitor der α6100 an-

gezeigt werden, schrumpft die Bildgröße um 3/4, sodass eine Beurteilung schwieriger wird. Logisch – anders passt ja das Bild nicht auf den querformatigen Monitor. Es ist leichter, die Kamera bei der Anzeige eines hochformatigen Fotos zu kippen, sodass das Foto aufrecht betrachtet werden kann – und das ohne Größeneinschränkungen.

Bildsprung einstellen

Die letzte Funktion im *Wiedergabe*-Menü – *Bildsprung-Einstlg* – können Sie nutzen, um mit dem Dreh- oder dem Einstellrad zwischen bestimmten Bildern zu springen.

Nutzen Sie die Option *Regler/Rad auswähl.*, um im Untermenü festzulegen, ob das Dreh- oder das Einstellrad genutzt werden soll.

Im nachfolgend gezeigten Untermenü der Funktion *Bildsprung-Methode* legen Sie das Sprungkriterium fest. So können Sie beispielsweise zwischen Bildern mit einer bestimmten Sternebewertung springen, wenn das betreffende Bedienelement gedreht wird. Das Springen ist nur im Ansichtsmodus *Datums-Ansicht* möglich.

Makro-/Nahaufnahmen

Die Makrofotografie ist ein außerordentlich interessanter Bereich der Fotografie. Viele Motive, die man in natura mit bloßem Auge kaum erkennen kann, können auf den Sensor gebannt werden und beim Betrachter daher für Bewunderung sorgen.

»Echte Makroaufnahmen« im Abbildungsmaßstab von 1:1 können Sie mit der α6100 ohne zusätzliches Zubehör – wie Nahlinsen oder ein Makroobjektiv – nicht aufnehmen. Sie können aber schöne Nahaufnahmen machen.

Beim Foto unten habe ich beispielsweise nur etwa 70 % des Ausgangsbildes verwendet. Die hohe Auflösung der α6100 ermöglicht das Zuschneiden von Bildern. So konnte die Blüte größer dargestellt werden.

Sie können mit der Sony α6100 bis auf wenige Zentimeter an das Motiv herangehen. Achten Sie aber darauf, dass sich der Schatten der Kamera außerhalb des abgebildeten Bereiches befindet.

Programm	Zoom	ISO	Blende	Verschlussz.
Zeitautomatik	Weitwinkel	niedrig	eher zu	eher kurz

Makro-/Nahaufnahmen mit der Sony α6100

Die α6100 eignet sich ohne Makroobjektiv nur eingeschränkt für Makrofotos. Für Nahaufnahmen ist sie aber gut geeignet.

Fototipp

Definition
Die Bezeichnung »Makrofotografie« verwendet man, wenn ein Abbildungsmaßstab von 1:1 erreicht wird. Das Motiv wird dabei in Originalgröße auf dem Sensor abgebildet. Bei »Nahaufnahmen« reichen schon Abbildungsmaßstäbe von 1:10.

Margerite. *Ich war bei der Aufnahme mit dem Standardobjektiv sehr nah am Motiv.*

50 mm | ISO 100 | 1/200 Sek. | f 8

10 Wi-Fi-Funktionen

Eine Registerkarte hat die α6100 noch zu bieten, auf der Funktionen untergebracht sind, die Sie nicht ständig benötigen werden. So können Sie die Kamera per App mit Ihrem mobilen Gerät verbinden. Diese Funktionen stelle ich Ihnen in diesem Kapitel vor.

Zusätzliche Funktionalität

Eine Registerkarte habe ich bisher übersprungen, weil dort »Sonderfunktionen« zu finden sind. So widmet sich die Registerkarte *Netzwerk* der drahtlosen Verbindung der Kamera mit einem Smartphone oder Tablet. Dafür bietet Sony eine spezielle App an, die sich *Imaging Edge Mobile* nennt. Die Funktionen zur Einrichtung der Verbindung finden Sie auf der dritten Registerkarte.

Hat die Verbindung geklappt, können Sie Bilder von der Kamera auf das mobile Gerät kopieren oder auch die Kamera per App fernsteuern. Die dazu nötigen Funktionen stellt die App ebenfalls bereit.

Imaging Edge Mobile

Um die Wi-Fi-Möglichkeiten der α6100 nutzen zu können, müssen Sie auf Ihrem mobilen Gerät zunächst die App *Imaging Edge Mobile* installieren, die Sie in der folgenden Abbildung sehen.

Die Wi-Fi-Verbindung einrichten

Um die App einsetzen zu können, müssen Sie zunächst die Kamera einrichten. In den allermeisten Fällen wird dies problemlos klappen, weil die α6100 das mobile Gerät automatisch erkennt und die Verbindung aufbaut.

Falls es zu Problemen kommt, können Sie die Verbindungs-einstellungen aber auch manuell vornehmen. Probieren Sie als Erstes aus, ob die automatische Verbindung klappt.

1 Rufen Sie die Funktion *An SmartpSend.-Fkt.* auf der dritten Registerkarte auf. Wählen Sie im Untermenü die Option *An Smartph. send.*

2 Legen Sie fest, von wo aus die Steuerung erfolgen soll – im Beispiel rechts vom mobilen Gerät aus.

3 Nach dem Aufruf versucht die α6100, die Verbindung her-zustellen. Daher müssen Sie zunächst die App starten, die dann ebenfalls auf das Herstellen der Verbindung wartet – Sie sehen das in der Abbildung auf der nächsten Seite unten links.

Steuerung
Es ist empfehlens-wert, die Steuerung vom mobilen Gerät aus vorzunehmen, weil dies die weit bequemere Variante ist.

Bilder teilen. *Sie können die Wi-Fi-Optio-nen der α6100 nutzen, um Ihre Bilder gleich nach der Aufnahme auf Ihr mobiles Gerät zu übertragen und sie dann zu teilen.*

50 mm | ISO 100 | $1/400$ Sek. | f 10

4 Auf dem Monitor der α6100 wird ein Hinweisschild eingeblendet, das Sie nachfolgend links sehen. Neben dem Gerätena-
men finden Sie hier auch ein Passwort, das Sie einmalig eingeben
müssen, damit die Verbindung hergestellt werden kann.

5 Alternativ dazu können Sie auch den QR-Code mit dem
mobilen Gerät einscannen – Sie sehen diese Variante im Bild
rechts. Drücken Sie zum Wechseln der beiden Modi die C2-Tas-
te.

6 Nachdem das mobile Gerät die Kamera erkannt hat (linkes
Bild), stellt die α6100 die Verbindung her. Das sehen Sie in der
rechten Abbildung.

 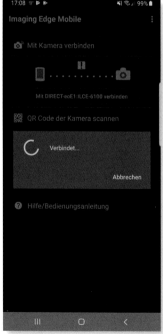

Fotos überspielen

Nach dem Start liest *Imaging Edge Mobile* die Bilder ein, die sich auf der Speicherkarte befinden, und sortiert sie nach dem Datum. Dies sehen Sie in der Abbildung oben links. Das Einlesen kann – je nach Bildanzahl – eine ganze Weile dauern – das sehen Sie im mittleren Bild.

1 Tippen Sie einen Tag an, um die dazugehörenden Bilder aufzurufen – das ist oben im rechten Bild zu sehen.

2 Wollen Sie ein Bild groß betrachten, tippen Sie auf das Miniaturbild. Sie sehen dies in der nebenstehenden Abbildung.

3 Markieren Sie die Bilder, die Sie auf Ihr mobiles Gerät übertragen wollen, indem Sie die Bilder antippen. Sie sehen dann einen Haken in der rechten oberen Ecke.

4 Rufen Sie das im folgenden linken Bild unten markierte Symbol auf, um den Kopiervorgang zu starten. Je nach Anzahl der zu übertragenden Fotos kann der Kopiervorgang einen Moment dauern. Sie können den Fortschritt im nachfolgend rechts gezeigten Dialogfeld beobachten.

5 Filme werden in der Übersicht übrigens mit einer Kennzeichnung versehen, wie in der Abbildung links dargestellt.

Optionen anpassen

In den Einstellungen finden Sie zwei Optionen. So können Sie festlegen, in welcher Bildgröße die Fotos auf das mobile Gerät kopiert werden sollen – Sie sehen dies nachfolgend links. Neben der Originalgröße haben Sie die Möglichkeit, die Bilder mit zwei Megapixeln oder alternativ in VGA-Größe (640 x 400 Pixel) zu kopieren. Mit der zweiten Option legen Sie den Speicherort fest. So können Sie neben dem internen Speicher auch einen externen Speicher nutzen, wenn Sie eine Speicherkarte in das mobile Gerät eingelegt haben.

 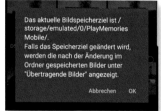

Wi-Fi

Die Wi-Fi-Variante ist sinnvoll, wenn Sie die Kamera nicht mit dem USB-Kabel an den PC anschließen wollen, um die Fotos auf den Rechner zu übertragen.

Optionen im Wi-Fi-Menü

Das *Wi-Fi*-Menü bietet weitere Möglichkeiten an. So können Sie beispielsweise Bilder über das drahtlose Netz direkt auf

Ihren Computer übertragen. Dazu müssen Sie aber *PlayMemories Home* auf dem PC installiert haben. Sie können dieses Programm über die Webadresse www.sony.net/pm herunterladen. Außerdem können Sie Bilder auf einem netzwerkfähigen Fernsehgerät via Wi-Fi wiedergeben.

Um die Kamera mit Ihrem kabellosen Netzwerk zu verbinden, müssen Sie die Funktion *Zugriffspkt.-Einstlg.* aufrufen. Die α6100 sucht dann nach erreichbaren kabellosen Netzwerken. Wählen Sie das gewünschte Netzwerk im rechts abgebildeten Menü aus. Drücken Sie zur Auswahl die SET-Taste. Anschließend müssen Sie das Passwort für das Netzwerk eingeben.

Das Passwort eingeben

Die Eingabe des Passwortes erfolgt im nachfolgend gezeigten Menü. Die Eingabe ist recht aufwendig, da Sie Buchstabe für Buchstabe auswählen und bestätigen müssen. Im nachfolgend linken Bild markierten Bereich wählen Sie zwischen Buchstaben, Ziffern und Sonderzeichen. Großbuchstaben erreichen Sie über die rechts markierte Schaltfläche. Bestätigen Sie abschließend die Eingaben zwei Mal mit der *OK*-Schaltfläche.

Die α6100 verbindet sich dann mit dem kabellosen Netzwerk – was einen Moment dauert – und zeigt die erfolgreiche Verbindung an. Sie sehen den Verbindungsvorgang in den folgenden Bildern.

Weitere Funktionen

Die weiteren Funktionen des *Wi-Fi*-Menüs können Sie beispielsweise einsetzen, um den Namen der Kamera zu ändern. Mit den beiden letzten Optionen können Sie das Passwort oder alle Netzwerkeinstellungen zurücksetzen.

Diese Option sehen Sie im Bild rechts. Bei einem erneuten Herstellen der Verbindung müssen Sie dann das Passwort nochmals eingeben.

Fernauslösen

Die Möglichkeit der Fernauslösung kann zum Beispiel nützlich sein, wenn Sie etwa Tiere aus kürzerer Distanz ablichten wollen.

Die Kamera fernauslösen

Sie können nicht nur Daten auf Ihr mobiles Gerät kopieren – Sie können das mobile Gerät auch nutzen, um die Sony α6100 fernauszulösen. Die dazu notwendige Funktion finden Sie auf der ersten Seite der *Netzwerk*-Registerkarte. Rufen Sie die Funktion *Strg mit Smartphone* auf der ersten Seite der *Netzwerk*-Registerkarte auf.

Wählen Sie im Untermenü die Funktion *Verbindung* aus.

1 Starten Sie auf Ihrem mobilen Gerät die App *Imaging Edge Mobile*. Die α6100 stellt dann die Verbindung her. Sie erhalten den rechts gezeigten Hinweis, dass die *Bluetooth*-Option des mobilen Gerätes deaktiviert sein sollte, da die Verbindung per Wi-Fi erfolgt.

2 Anschließend sehen Sie das Livebild auf Ihrem mobilen Gerät. Auf der rechten Seite finden Sie den Auslöser, mit dem Sie die Aufnahme schießen können.

Einstellungen

Stellen Sie die Belichtungsparameter ein, bevor Sie die Verbindung zu *Imaging Edge Mobile* herstellen, da Sie dort nur wenige Einstellungen vornehmen können.

Aufnahme-Einstellungen anpassen

Sie haben ein paar Einstellungsmöglichkeiten. Mit den rechts gezeigten Schaltflächen wird ein- oder ausgezoomt.

Die weiteren Optionen unterscheiden sich ein wenig, wenn Sie das mobile Gerät um 90° drehen. So sehen Sie nachfolgend rechts die Optionen, die es im Hochformat gibt.

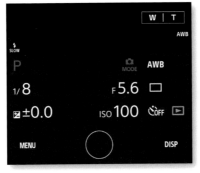

Mit dem *DISP*-Symbol können Sie zwischen unterschiedlichen Ansichten wechseln. Bei einmaligem Antippen wird die Optionenleiste ausgeblendet, wie es das folgende Bild zeigt.

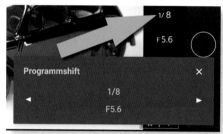

Wenn Sie die Programmautomatik eingestellt haben, können Sie auf die Verschlusszeit/den Blendenwert tippen, um eine Programmverschiebung einzustellen. Die beiden nächsten Optionen in der querformatigen Ansicht können Sie einsetzen, um eine Belichtungskorrektur oder den ISO-Wert einzustellen. Dazu wird jeweils ein gesondertes Dialogfeld eingeblendet.

Einstellungen in der hochformatigen Ansicht

Wenn Sie das mobile Gerät aufrecht halten, haben Sie drei weitere Optionen und ein Wiedergabesymbol zur Verfügung.

Nutzen Sie die erste Option, wenn Sie die Weißabgleicheinstellungen variieren wollen. Die zweite Option dient zum Einstellen des Bildfolgemodus. Die dritte Option können Sie antippen, wenn Sie den Selbstauslöser aktivieren wollen. Dabei können Sie zwischen den drei Zeitspannen wählen, die Sie bereits aus dem Kameramenü kennen. Tippen Sie das Wiedergabesymbol an, um bereits aufgenommene Bilder anzusehen.

Nach dem Auslösen wird das Bild auf Ihrem mobilen Gerät und der Speicherkarte der Kamera gesichert. Das Übertragen dauert einen Moment – währenddessen sehen Sie das rechts gezeigte Wartesymbol. Während der Übertragung zum mobilen Gerät sehen Sie die nachfolgend gezeigte Ansicht.

Zusätzliche Einstellungen anpassen

Wenn Sie auf den *MENU*-Eintrag unten rechts tippen, öffnen Sie das folgende Menü, in dem Sie einige Parameter anpassen können.

So können Sie beispielsweise mit der ersten Option den *Weißabgleich* variieren und mit der zweiten den *Selbstauslöser*-Modus

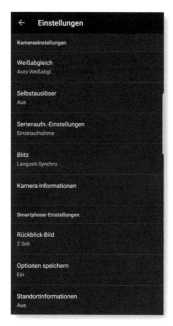

einstellen. Dazu kommen zwei Optionen für Serienaufnahmen und den Blitzmodus. Mit der Option *Kamera-Informationen* erhalten Sie in einem gesonderten Dialogfeld die Information, was für ein Kameramodell mit der App verbunden ist.

Die Smartphone-Einstellungen

Mit der Option *Rückblick-Bild* legen Sie fest, wie lange das Bild nach der Aufnahme angezeigt werden soll. Mit der Funktion *Optionen speichern* bestimmen Sie, wie das Foto gespeichert werden soll.

Nutzen Sie die Option *Standortinformationen*, wenn Sie die GPS-Daten des mobilen Geräts in das Foto aufnehmen wollen. Mit der Option *Speicherziel* legen Sie fest, in welchem Ordner das aufgenommene Foto auf dem mobilen Gerät gespeichert werden soll. Sie können die Bilder sowohl im internen Speicher sichern als auch auf einer eventuell eingelegten zusätzlichen Speicherkarte.

Mit der *Gitterlinie*-Option können Sie die nützlichen Gitterlinien einblenden. Sie sehen das *3x3 Raster* im Bild unten. Die Option *Spiegel-Modus* ist nützlich, wenn Sie Selfies aufnehmen wollen. Ist die Funktion aktiviert, wird der Monitor umgedreht angezeigt.

Das angezeigte Bild drehen

Wenn Sie die Anzeige des Live-Bilds drehen wollen, können Sie auf das Symbol tippen, das in der nebenstehenden Abbildung markiert ist. Da das Bild automatisch gedreht wird, wenn Sie das mobile Gerät aufrecht oder waagerecht halten, ist diese Option eigentlich unnötig.

40 mm | ISO 100 | 1/250 Sek. | f 8

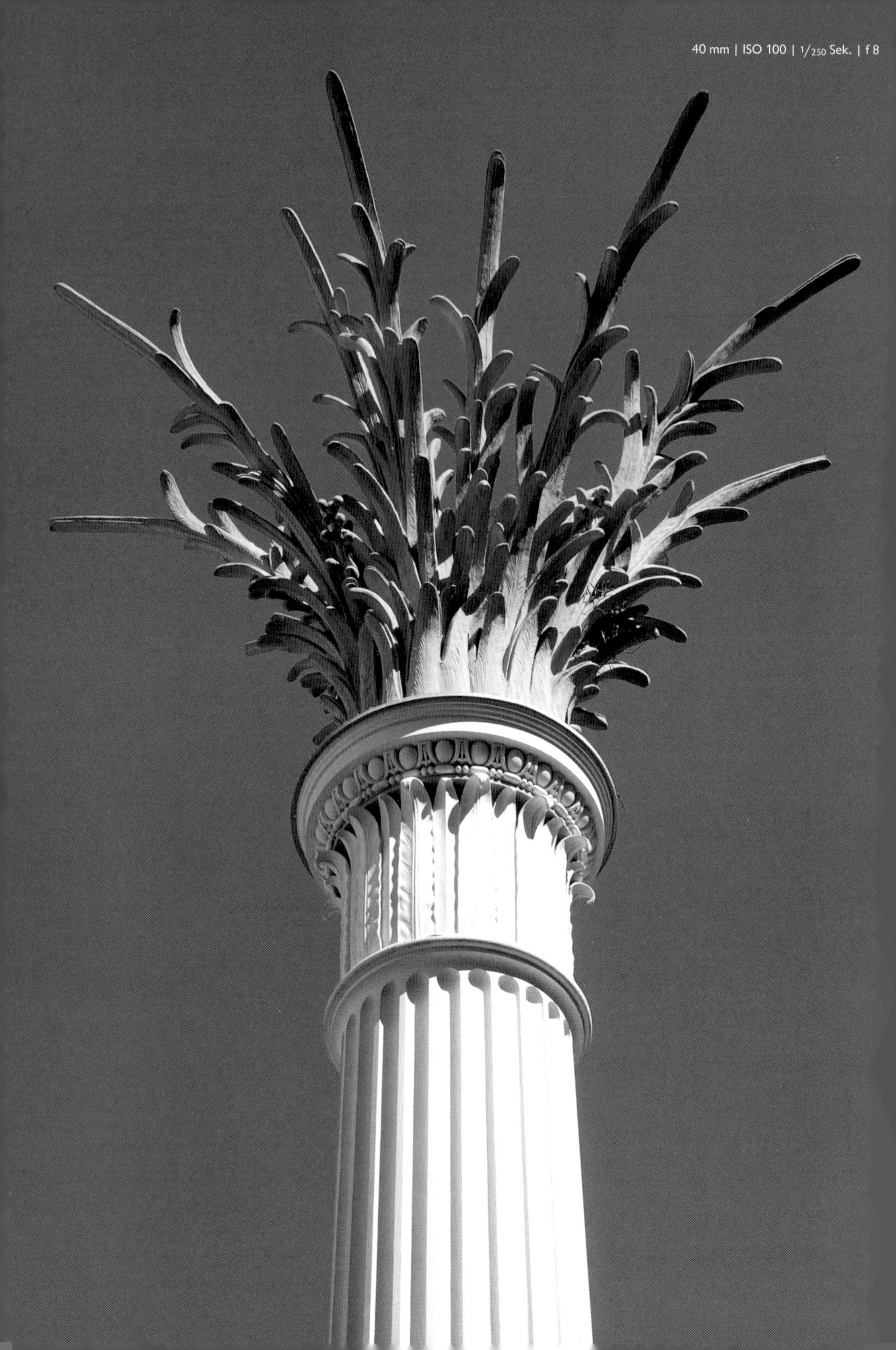

11 Videos aufnehmen

Inzwischen ist es üblich, dass sämtliche Kameras auch die Möglichkeit bieten, Filmsequenzen aufzunehmen – vom günstigen Einsteigermodell bis zur professionellen Kamera. In diesem Kapitel erfahren Sie, wie Sie Ihre Filme aufnehmen können.

Die Möglichkeiten

Inzwischen gehört es ja zum Standard, dass man sowohl mit Kompaktkameras als auch mit Spiegelreflexkameras Filme aufzeichnen kann. Natürlich bietet daher auch die α6100 einen Videomodus an. Über den Sinn solcher Funktionen mag man diskutieren – wenn der Wunsch der Anwender nach ihnen besteht, werden sich die Kamerahersteller dem auch künftig nicht verschließen.

Die Kamera unterstützt sogar ganz aktuelle Höchstauflösungen. So lassen sich die Filme auch in 4K-Auflösung mit einer Größe von 3.840 x 2.160 Pixeln speichern. Sie müssen dabei eine Speicherkarte mit einer Geschwindigkeitsklasse von 10 (Class 10) einsetzen. Sie sehen dies im Bild links.

Zudem können Sie Filme in Full-HD-Auflösung von 1.920 x 1.080 Pixeln aufzeichnen, was ebenfalls einem Seitenverhältnis von 16:9 entspricht.

Die Filme werden dabei wahlweise mit 25 oder 50 Bildern pro Sekunde aufgezeichnet.

Die aufgenommenen Filme dürfen maximal 29 Minuten lang sein. Eine weitere Begrenzung ist die Dateigröße – so darf kein Videofilm größer als 2 GByte sein. Dabei ist es egal, ob noch weitere Speicherkapazität zur Verfügung steht. Natürlich können Sie dann einen weiteren Film aufnehmen, wenn die Maximalgröße erreicht ist und die Größe Ihrer Speicherkarte dies zulässt. Die Kamera startet übrigens automatisch eine neue Aufnahme.

Die Aufzeichnung kann in mehreren Formaten vorgenommen werden. Welche Möglichkeiten Ihnen der Videomodus bietet, erfahren Sie in diesem Kapitel.

Der Videomodus

Stellen Sie mit dem Moduswahlrad den nebenstehend markierten Videomodus ein.

1 Nach dem Aufruf des Videomodus stellen Sie im Menü der Funktionstaste die Art der Belichtungsmessung ein. Sie sehen diese letzte Option im linken Bild oben. Nach dem Drücken der SET-Taste können Sie zwischen der Programm-, Blenden- und Zeitautomatik wählen. Dazu kommt noch der manuelle Modus.

2 Bestimmte Funktionen sind beim Filmen nicht verfügbar. So können Sie beispielsweise nicht shiften. Auch wenn Sie das Menü aufrufen, stellen Sie fest, dass verschiedene Funktionen nicht verfügbar sind. Das sehen Sie oben im rechten Bild.

Die Qualität einstellen

Die α6100 bietet eine große Menge an Kombinationen von Dateiformat und Aufnahmeeinstellungen an. Die *Dateiformat*-Funktion finden Sie auf der ersten Seite der Benutzereinstellungen – ebenso wie die Funktion *Aufnahmeeinstlg*.

- **XAVC S 4K:** Die erste Option im *Dateiformat*-Menü ist recht neu bei Sony-Modellen. Sie können sie nutzen, um 4K-Filme aufzunehmen. Im *Aufnahmeeinstlg*-Menü können Sie wählen, ob der Film mit einer Bitrate von 100 Mbit oder 60 Mbit bei einer Bildrate von 25 Bildern pro Sekunde aufgenommen werden soll. Sie sehen die beiden Optionen im rechten Bild auf der nächsten Seite. Die *100M*-Variante erzeugt die bessere Bildqualität, weil eine geringere Komprimierung erfolgt. Haben Sie diesen Modus aktiviert und die Kamera mit einem HDMI-Gerät verbunden, wird das Aufnahmebild nicht auf dem Monitor angezeigt.

Belichtungs-programme

Sie können bei Filmaufzeichnungen die bekannten Programme *P*, *A*, *S* und *M* einsetzen.

XAVC S HD

Um dieses Format nutzen zu können, müssen Sie eine schnelle Speicherkarte eingelegt haben (Class 10). Andernfalls erhalten Sie eine Fehlermeldung.

- **XAVC S HD:** Dieses Format ist ebenfalls ein fortschrittliches Dateiformat. Sie können die Filme entweder mit 50 Halbbildern oder 25 Vollbildern pro Sekunde im Full-HD-Format aufnehmen (1.920 x 1.080 Pixel). Alternativ dazu gibt es zwei Optionen mit 100 Bildern pro Sekunde. Das führt zu einer vierfachen Zeitlupe bei der Wiedergabe des Films. Die Filme werden mithilfe des Codecs MPEG-4 AVC/H.264 aufgenommen. Dabei werden die Daten effizient komprimiert, sodass bei hoher Bildqualität kleinere Dateien entstehen. Die Aufzeichnung erfolgt mit einer Bitrate von ungefähr 50 Mbit pro Sekunde. Dadurch entstehen detailreiche Aufnahmen. Dazu kommt eine Variante mit 50 Mbit bei 50 Bildern pro Sekunde sowie eine Option mit 16 Mbit, die mit 25 Bildern pro Sekunde aufgenommen wird. Sie sehen die Optionen nachfolgend im rechten Bild.

Bildrate

Die Filme können mit einer Bildrate von 25 Bildern in der Sekunde aufgenommen werden – dieser Wert ist bei Filmaufnahmen üblich (Kinofilme nutzen zum Beispiel auch diese Bildrate). So sind »ruckelfreie« Aufnahmen gewährleistet.

- **AVCHD:** Die Aufzeichnung erfolgt bei allen Varianten im Full-HD-Format. Die Bildrate beträgt 50 Halbbilder. Der Unterschied besteht in der Bitrate pro Sekunde. Je höher dieser Wert ist, umso hochwertiger ist die Aufnahme, weil sie nicht so stark komprimiert wird. Die Folge ist allerdings, dass so größere Dateien entstehen. Die Bitrate finden Sie jeweils am Ende der Bezeichnung – also beispielsweise bei der ersten Option *24M (FX)* für 24 Mbit pro Sekunde – dies ist die bessere Qualität als bei der *FH*-Option mit 17 Mbit. Bei dieser Option entstehen kleinere Dateien. Ich empfehle Ihnen, als Kompromiss die *FX*-Option einzusetzen. Sie haben bei dieser Option zusätzlich den Vorteil, bei der späteren Weiterverarbeitung mit möglichst vielen Ausgabegeräten kompatibel zu sein.

Speicherkarte

Falls Sie eine ältere, langsame Speicherkarte verwenden, kann es passieren, dass die Aufnahme automatisch beendet wird.

Das Belichtungsprogramm wählen

Wenn Sie nach dem Aufruf des Videomodus ein anderes Belichtungsprogramm einstellen wollen, rufen Sie die *Belicht.modus*-Funktion auf der ersten Seite der Benutzereinstellungen auf.

⬇ **Im Hafen.** *Wenn Sie im Urlaub filmen wollen, können Sie den Videomodus einsetzen.*

Wenn Sie das Moduswahlrad auf eine der beiden Vollautomatiken eingestellt haben und die MOVIE-Taste drücken, wählt die

210 mm | ISO 100 | 1/640 Sek. | f 5

α6100 das geeignete Motivprogramm selbstständig aus. Bei dieser Variante der Aufzeichnung darf aber die Funktion *MOVIE-Taste* auf der neunten Seite der Benutzereinstellungen nicht auf die Option *Nur Filmmodus* eingestellt sein.

Zeitlupe und Zeitraffer-Einstellungen

Die α6100 bietet auch die Möglichkeit, Zeitlupen- und Zeitrafferfilme aufzunehmen. Drehen Sie dazu das Moduswahlrad auf die links abgebildete Position. Mit der Option *Bildfrequenz* im Untermenü der Funktion *Zeitl.&-rafferEinst.* auf der ersten Seite der Benutzereinstellungen wird die Bildfrequenz festgelegt. Werte, die höher als die Standardaufnahmeeinstellung sind, entsprechen übrigens Zeitlupenfilmen, niedrigere Zeitrafferfilmen. Im nachfolgenden linken Bild sehen Sie in der Fußzeile, was die eingestellte Bildfrequenz bewirkt.

Im S&Q-Modus wird die links gezeigte Option *Belicht. modus* im Menü verfügbar, mit der Sie die Art der Belichtungsmessung vorgeben.

Proxy-Aufnahmen

Mit der Funktion *Proxy-Aufnahme* haben Sie die Möglichkeit, parallel zu einer hochwertigen Variante ein Duplikat mit einer niedrigeren Bitrate aufzunehmen. Dabei entsteht eine kleinere Datei, die leichter bearbeitet werden kann. Die Schritte der Bearbeitung am Rechner können Sie dann auf den hochwertigen Film übertragen.

Belichtungsmessung

Die verfügbaren Optionen der Funktion *Belicht.modus* entsprechen denen, die es auch bei »normalen« Filmen gibt.

Verschiedene Autofokusoptionen

Im Menü der Benutzereinstellungen finden Sie weitere Funktionen, die sich speziell auf Filmaufnahmen beziehen. So können Sie die Funktion *AF Speed* einsetzen, um die Fokussiergeschwindigkeit zu ändern. Standardmäßig ist die *Normal*-Option aktiviert, die in vielen Fällen auch die beste Wahl ist. Wenn Sie dagegen schnelle Szenen aufnehmen, wie etwa bei Sport- oder Actionfilmen, sollten Sie die *Schnell*-Option einsetzen.

Die Option *AF-Verfolg.empf.* auf der zweiten Seite der Benutzereinstellungen steuert, wie erfasste Motive verfolgt werden. Wenn im Vordergrund ein anderes Objekt auftaucht, kann es passieren, dass der Fokus umspringt und ein anderes Motiv verfolgt. Um das zu verhindern, aktivieren Sie die Option *Reaktionsfähig*. In den meisten Fällen werden Sie aber mit der *Standard*-Option zu guten Ergebnissen kommen.

Lange Verschlusszeit

Wenn Sie für die Belichtung die Programm- oder Blendenautomatik und als ISO-Wert die *ISO AUTO*-Option eingestellt haben, können Sie die Option *Auto. Lang.belich.* nutzen.

Ist die Option aktiviert, verlängert die α6100 bei schwachem Licht automatisch die Verschlusszeit. Dadurch kann das Bildrauschen reduziert werden. Daher sollte diese Option eingeschaltet sein.

Anfangs-Fokusvergrößerung

Wie schon von Fotoaufnahmen bekannt, können Sie auch beim Videomodus festlegen, ob die Darstellung anfänglich vergrößert werden soll, um den Fokus präzise beurteilen zu können. Nutzen Sie dazu die links gezeigte Funktion mit der Bezeichnung *Anf.-Fokusvergr.*

Weitere Funktionen

Mit der *Audioaufnahme*-Funktion können Sie einstellen, ob der Ton mit aufgenommen werden soll oder nicht. Standardmäßig wird der Stereoton mit aufgezeichnet.

Falls Sie den Ton gesondert aufnehmen, um ihn beispielsweise später zum Film hinzumontieren zu können, ist das Deaktivieren der Tonaufnahme nützlich. Wird nämlich der Ton mit der α6100 aufgenommen, werden auch die Geräusche aufgezeichnet, die durch die Bedienung der α6100 entstehen – etwa beim Zoomen.

Die *Tonaufnahmepegel*-Funktion ist nur verfügbar, wenn Sie den Filmmodus am Moduswahlrad eingestellt haben. Im nachfolgend rechts gezeigten Menü können Sie den Tonpegel prüfen und gegebenenfalls anpassen.

Nehmen Sie sehr lauten Ton auf, senken Sie den Tonpegel, um einen natürlichen Ton zu erhalten. Ist dagegen der Ton schwer zu hören, erhöhen Sie den Tonpegel. Dieser Begrenzer gilt übrigens sowohl für das interne als auch für ein eventuell angeschlossenes externes Mikrofon.

Tonpegelanzeige

Auf der dritten Seite der Benutzereinstellungen finden Sie die *Tonpegelanzeige*-Funktion. Ist sie aktiviert, werden unten links die Tonpegel des Stereotons angezeigt – Sie sehen dies rechts.

 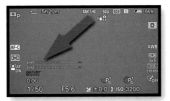

Windgeräusche unterdrücken

Bei der rechts gezeigten Funktion *Windgeräuschreduz.* ist es durchaus empfehlenswert, die Standardvorgabe zu ändern und die *Ein*-Option einzustellen. So verhindern Sie, dass durch Windgeräusche eine schlechtere Tonaufnahme entsteht.

Markierungseinstellungen

Mit den Markierungseinstellungen können Sie vier unterschiedliche Hilfen einsetzen. Damit die Markierungshilfen angezeigt werden, müssen Sie die Funktion *Markierungsanz.* aktivieren.

Sichtbarkeit

Die Markierungen sind nur im Filmmodus zu sehen. Stellen Sie ein anderes Belichtungsprogramm ein, verschwinden sie.

Die Einstellungen werden im Untermenü der Funktion *Markier. einstlg.* vorgenommen. Blenden Sie mit der ersten Option ein

Fadenkreuz in der Bildmitte ein. Mit der *Format*-Option können Sie in der unten links gezeigten Übersicht zwischen verschiedenen Formaten wählen. So können Sie beispielsweise sicherstellen, dass die bildwichtigen Teile bei einem 4:3-Monitor komplett zu sehen sind.

Mit der *Sicheren Zone* legen Sie fest, dass auf herkömmlichen Fernsehern nichts abgeschnitten erscheint. Die *Hilfsrahmen*-Option blendet Gitterlinien ein, die beim Ausrichten der Kamera helfen können.

Zur Demonstration habe ich nachfolgend unten rechts alle Optionen aktiviert – die Einstellungen zeigt das obere rechte Bild. Das 4:3-Format erkennen Sie an den beiden äußeren vertikalen Linien.

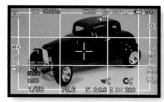

Film mit Verschluss

Nutzen Sie die letzte Funktion im Menü der Benutzereinstellungen – die sich auf Filmaufnahmen bezieht –, um festzulegen, ob das Starten und Stoppen der Filmaufzeichnung mit der MOVIE-Taste oder dem Auslöser erfolgen soll. Wenn Sie die Funktion *Film mit Verschluss* aktivieren, können Sie den Auslöser nutzen.

Eingeschränkte Funktionen

Im Videomodus gibt es naturgemäß einige Einschränkungen. Das erkennen Sie beispielsweise, wenn Sie die
Funktionstaste drücken. Verschiedene Optionen sind
nicht aktivierbar – sie werden von der α6100 automatisch eingestellt. Sie sehen das in der nebenstehenden
Abbildung.

Wenn Sie die *Fokusmodus*-Option aufrufen, sehen
Sie, dass nur die beiden Modi *AF-C* und der manuelle Fokus verfügbar sind. Sie sehen dies im folgenden linken Bild. Eine Belichtungskorrektur ist zwar möglich – aber nur um maximal zwei
Lichtwerte. Die darauffolgenden Werte sind grau dargestellt
und daher nicht aktivierbar. Ich habe dies in der rechten Abbildung markiert.

Bei der ISO-Einstellung sind sowohl die Option *Multiframe-RM*
als auch die beiden höheren ISO-Werte nach ISO 32000 nicht
verfügbar und daher ausgegraut. Sie sehen das im folgenden
rechten Bild. Beim Filmen ist es übrigens sinnvoll, der α6100
die ISO-Einstellung zu überlassen und die *Auto*-Option zu aktivieren.

Die Aufzeichnung starten

Nachdem alle Einstellungen vorgenommen sind, kann die Aufnahme beginnen. Drücken Sie dazu die MOVIE-Taste auf der
rechten Kameraseite. Während der Aufnahme sehen Sie in der

Fußzeile das nachfolgend rechts markierte rote *REC*-Symbol sowie die Zeitangabe der Aufnahmedauer. Um die Aufnahme wieder zu beenden, drücken Sie die MOVIE-Taste erneut.

Die Wiedergabe

Die aufgenommenen Videos werden wie Fotos fortlaufend nummeriert auf der Speicherkarte gesichert. Sie können die Filme wie gewohnt auf dem Monitor der α6100 betrachten. Dabei haben Sie einige Navigationselemente zur Verfügung, die in der Fußzeile angezeigt werden.

1 Wechseln Sie in den Wiedergabemodus. Filme werden mit einem Filmstreifen symbolisiert, wie Sie es im folgenden Bild sehen.

2 Starten Sie die Filmwiedergabe mit der SET-Taste. Um den Film anzuhalten, müssen Sie die SET-Taste erneut drücken. Mit der MENU-Taste wird die Wiedergabe beendet.

3 Drücken Sie das Einstellrad unten, um die nachfolgend links gezeigte Navigationsleiste einzublenden. Wenn Sie das Einstellrad rechts oder links drücken, navigieren Sie zwischen den eingeblendeten Navigationselementen. So können Sie den Film zum Beispiel schnell vor- oder rückwärts abspielen, pausieren oder ihn stoppen.

Einstellrad

Alternativ können Sie das Einstellrad auch drehen, um im Film einzelbildweise vor- oder rückwärts zu scrollen.

4 Mit der im folgenden rechten Bild markierten Option speichern Sie ein Einzelbild als JPEG-Datei.

Filme übertragen

Wenn Sie die Speicherkarte in das Lesegerät Ihres Rechners schieben, werden die Filme mit einem Filmsymbol im Windows-Ordnerfenster angezeigt. Zum Betrachten der Filme können Sie beispielsweise die Windows-App *Filme & TV* verwenden. Klicken Sie dazu doppelt auf den Film.

12 Bilder archivieren und bearbeiten

Sony bietet auf seiner Webseite einige kostenlose Programme an, die Sie nutzen können, um Bilder auf den PC zu übertragen und sie zu bearbeiten. Was Sie mit den Programmen PlayMemories Home und Imaging Edge an Aufgaben erledigen können, habe ich in diesem Kapitel zusammengefasst.

Nach der Aufnahme

Sind die Bilder im »Kasten«, kommen die weiterführenden Arbeiten. Die Bilder müssen von der SD-Speicherkarte auf den Rechner übertragen und gegebenenfalls noch nachbearbeitet werden. Dazu können Sie prinzipiell die unterschiedlichste Software verwenden – viele Programme tummeln sich in den verschiedenen Preisklassen auf dem Markt. Auch das Betriebssystem Windows bietet diverse Tools für die Bildbearbeitung und Archivierung an, die in vielen Fällen für die nötigsten Aufgaben ausreichen.

Ein wenig Software bietet aber auch Sony an – wenn auch nicht allzu viel. Allerdings müssen Sie die verfügbare Software selbst von der Sony-Webseite herunterladen – sie liegt dem Kamerapaket nämlich nicht bei.

Die Software *PlayMemories Mobile* haben Sie bereits bei der Vorstellung der Wi-Fi-Möglichkeiten in Kapitel 10 näher kennengelernt. Die Software *Play-Memories Home*, die für die Installation auf Ihrem PC bestimmt ist, können Sie von der Webseite www.sony.net/pm herunterladen. Unter https://imagingedge.sony.net/de-de/ie-desktop.html finden Sie *Imaging Edge*, das Sie unter anderem benötigen, um RAW-Bilder zu entwickeln und anschließend in das JPEG-Dateiformat zu konvertieren.

Zugegeben: Andere Kamerahersteller statten ihre Kameras weit üppiger mit Software aus – aber die wirklich nötigen Arbeiten lassen sich alle mit Sonys Software erledigen.

Ich stelle Ihnen in diesem Kapitel zum Abschluss dieses Buches nur sehr kurz vor, welche Möglichkeiten Sie mit Sonys Software haben. So können Sie sich einen Überblick verschaffen, ob diese Software interessant ist oder ob Sie lieber bei Ihrer bisher bevorzugten Software bleiben wollen – schließlich ist es immer mit etwas Lernaufwand verbunden, wenn Sie die Software wechseln. Ich gehe davon aus, dass Sie die Software bereits erfolgreich auf dem Rechner installiert haben – der Installationsvorgang wird mit Assistentenunterstützung sehr leicht erledigt.

PlayMemories Home einsetzen

PlayMemories Home ist ein recht leistungsstarkes Programm, das Sie zum Verwalten Ihrer Fotos einsetzen können. Das Programm ist kostenlos und daher eine echte Alternative zu anderer Archivierungssoftware.

Außerdem bietet das Programm verschiedene Optionen an, um das Bild zu optimieren. So können Sie schnell und einfach Helligkeit, Kontrast und Farbsättigung anpassen.

Außerdem haben Sie Präsentationsmöglichkeiten – so können Sie sich eine Diaschau ansehen oder die fertig bearbeiteten Bilder in Ihren sozialen Netzwerken teilen.

Standardmäßig wird *PlayMemories Home* so konfiguriert, dass es gestartet wird, wenn Sie eine Speicherkarte in das Lesegerät Ihres Rechners einlegen oder die Kamera mit dem USB-Kabel an den Rechner anschließen.

Freeware

Bevor Sie sich ein gesondertes Archivierungsprogramm kaufen, lohnt sich ein Blick auf *PlayMemories Home* allemal. Das Programm ist sogenannte Freeware – es ist also kostenlos.

Quelle – Ziel

Mit den Listenfeldern im Dialogfeld können Sie eine andere Quelle für die zu importierenden Bilder festlegen. Im Bereich rechts wird der Zielordner eingestellt, in den die Fotos kopiert werden.

Mit einem Klick auf das *Einstellungen*-Symbol oben rechts öffnen Sie die Voreinstellungen, die Sie nebenstehend abgebildet sehen.

Hier legen Sie einerseits fest, ob das Programm automatisch gestartet werden soll, wenn eine Kamera angeschlossen oder eine Speicherkarte eingelegt ist. Andererseits können Sie in diesem Dialogfeld auch alle Einstellungen für Wi-Fi-Verbindungen und drahtlose Netzwerke vornehmen.

Bilder verwalten

Nach dem Import der Bilder finden Sie die unten gezeigte Arbeitsoberfläche vor, die sich in drei verschiedene Bereiche aufteilt. Im linken Teil wird eine Ordnerliste eingeblendet – so wie Sie es auch von Windows-Ordnerfenstern kennen. Klicken Sie auf einen Eintrag, um die Unterordner einzublenden.

Den größten Teil nimmt der mittlere Bereich ein, für den unterschiedliche Ansichten bereitgestellt werden. Nachfolgend sehen Sie die Standardansicht – die Kalenderansicht. Für jeden Tag, an dem Fotos aufgenommen wurden, wird ein Miniaturbild angezeigt.

Wenn Sie den Mauszeiger über einen der Tage halten, wird in einem kleinen Schildchen angezeigt, wie viele Vorkommnisse es in diesem Monat gibt. Sie sehen dies nebenstehend.

Im rechten Bereich sind diverse Werkzeuge untergebracht, um beispielsweise Bilder zu optimieren oder weiterzugeben. Falls Sie diesen Bereich nicht sehen, klicken Sie auf die *Werkzeuge*-Registerkarte.

Wird ein Miniaturbild angeklickt, wechseln Sie von der Jahresübersicht zur Monatsansicht. Dadurch werden die Miniaturbilder größer angezeigt, sodass Sie die Inhalte etwas besser erkennen.

Klicken Sie auf einen Tag, werden alle Bilder angezeigt, die an diesem Tag aufgenommen wurden. Die Größe der Miniaturbilder können Sie variieren. Verwenden Sie dazu den Schieberegler, der im folgenden Bild mit dem oberen Pfeil markiert ist.

Bilder bearbeiten

Sie können die markierten Fotos mit einigen Funktionen optimieren, die auch bei teureren Bildbearbeitungsprogrammen angeboten werden.

1 Rufen Sie die Funktion *Fotos bearbeiten/konvertieren* auf, die im Bild oben mit dem unteren Pfeil markiert wurde.

2 Sie finden dann im Bereich rechts unterschiedliche Werkzeuge vor – Sie sehen dies im nebenstehenden Bild. Es gibt verschiedene Werkzeuge, die sich für die Bearbeitung von Fotos eignen. Um zur vorherigen Ansicht zurückzukehren, klicken Sie einfach auf den rechts markierten Pfeil in der linken oberen Ecke.

3 Rufen Sie die Funktion *Fotos einstellen* auf. Anschließend wird der nebenstehend gezeigte Bereich eingeblendet. Hier können Sie per Drag-and-drop mehrere Bilder einfügen, die dann nacheinander bearbeitet werden können.

4 In der Fußzeile finden Sie die *Weiter*-Schaltfläche, mit der Sie zum nächsten Arbeitsschritt gelangen.

5 Als Nächstes wechseln Sie zur folgenden Ansicht. Das Bild nimmt nun den Hauptteil des Arbeitsbereiches ein, damit Sie die Veränderungen im Detail begutachten können. Rechts sehen Sie oben Optionen für die Wiedergabe sowie zwei Optionen zum Drehen des Bildes. Darunter gibt es acht Funktionen für die Bildbearbeitung.

6 Rufen Sie hier die Option *Bild zurechtschneiden* auf, wenn Sie überflüssige Teile des Bildes abschneiden wollen.

7 Ziehen Sie einen Bereich auf, der den Teil des Bildes umschließt, der erhalten bleiben soll. Bestätigen Sie das Zuschneiden mit der *OK*-Schaltfläche unten rechts.

Optionen

Im Bereich rechts finden Sie zusätzliche Optionen. So können Sie beispielsweise beim Zuschneiden von Bildern ein bestimmtes Seitenverhältnis vorgeben.

Weitere Optimierungen

Sie können nun die weiteren Optionen nutzen, um die Bildqualität zu verbessern. So gibt es beispielsweise eine Option, um die Tonwerte des Bildes zu optimieren.

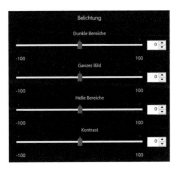

Mit der *Belichtung*-Funktion werden die nebenstehend abgebildeten Optionen eingeblendet. Damit können Sie ganz gezielt beispielsweise nur die hellen oder dunklen Bereiche des Fotos verbessern. Auch eine Kontrastoptimierung lässt sich hier vornehmen. Ziehen Sie die Schieberegler oder tippen Sie in das jeweilige Eingabefeld rechts die neuen Werte ein.

Mit der *Sättigung*-Option, die Sie rechts abgebildet sehen, können Sie die Farbintensität des Bildes erhöhen, sodass es brillanter erscheint. Nehmen Sie auf diese Art und Weise alle gewünschten Veränderungen am Bild vor.

Das Ergebnis speichern

Zum Abschluss der Bearbeitung muss das Ergebnis gespeichert werden. Die Optionen dazu finden Sie im Bereich rechts in der Fußzeile – hier gibt es übrigens als Erstes die Möglichkeit, mit der *Zurücksetzen*-Option die vorgenommenen Änderungen zu verwerfen.

Um das bestehende Originalbild nicht zu überschreiben, rufen Sie die Option *Speichern unter* auf. Im nachfolgend rechts abgebildeten Dialogfeld wird dann der neue Name angegeben. Das Programm schlägt standardmäßig eine fortlaufende Nummerierung vor.

Doppelte Dateien

Es ist stets empfehlenswert, das bearbeitete Bild unter einem anderen Namen zu speichern. So haben Sie zu einem späteren Zeitpunkt immer noch einen Zugriff auf das Originalbild.

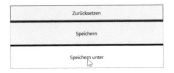

Erweiterte Informationen

Wenn Sie im Arbeitsbereich oben rechts auf die *Eigenschaften*-Schaltfläche klicken, werden Informationen zum Bild angezeigt. Im oberen Teil der Liste finden Sie Informationen über die Datei-

und Bildgröße – dies sehen Sie oben im mittleren Bild.

Weiter unten in der Liste sind die detaillierten Exif-Daten aufgeführt. Hier finden Sie alle Einstellungen, die Sie bei der Aufnahme vorgenommen hatten. Dies sehen Sie im Bild links.

Außerdem haben Sie in diesem Bereich die Möglichkeit, Bildermengen zu strukturieren. So können Sie beispielsweise Sterne vergeben, um schnell gute von weniger guten Bildern trennen zu können. Klicken Sie dazu auf die Sterne – Sie sehen dies oben rechts. Hier wurden dem Bild fünf von fünf möglichen Sternen zugewiesen. Um die Bilder nach der Bewertung zu sortieren, rufen Sie die Funktion *Anzeigen/Mediendateien sortieren nach/Bewertung* auf.

Zudem lassen sich sogenannte Labels zuweisen, die Sie nutzen können, um zum Beispiel alle Urlaubs- oder Familienbilder aus dem Bildbestand herauszufiltern.

Das Programm Imaging Edge

Das zweite Programm, das Sony bereitstellt, nennt sich *Imaging Edge*. Es besteht aus drei Programmteilen – einem Explorer, einem Bearbeitungsmodul, in dem Sie JPEG-Bilder bearbeiten und RAW-Fotos entwickeln können, sowie einem Fernsteuerungsmodus. Beim Entwickeln stehen sehr viele Optionen zur

Verfügung. Nachfolgend sehen Sie den Viewer, der ähnlich wie das Windows-Ordnerfenster aufgebaut ist. Sie haben hier allerdings erweiterte Möglichkeiten. Unter jedem Bild sehen Sie die nachfolgend markierte Option, um Bilder zu bewerten. Rechts daneben gibt es die Labels, die Sie ebenfalls zum Strukturieren der Bilder einsetzen können.

Wenn Sie im Listenfeld die *ARW*-Option auswählen, werden nur noch die Bilder angezeigt, die Sie im RAW-Modus aufgenommen haben.

Rufen Sie die Funktion *Anzeigen/Informationspalette* auf, um das rechts abgebildete – frei verschiebbare – Fenster einzublenden. Hier finden Sie alle Exif-Daten des Fotos. Scrollen Sie in der Liste, um sich einen Überblick über die Aufnahmedaten zu verschaffen. Sie können das Fenster mit einem Klick auf das Kreuz in der oberen rechten Ecke übrigens wieder schließen.

Bilder detailliert bearbeiten

Bei der Bearbeitung von Bildern müssen Sie zwischen zwei Methoden unterscheiden. So weist nach dem doppelten Anklicken eines JPEG-Bildes ein Warnhinweis darauf hin, dass bei JPEG-Bildern nur eine eingeschränkte Bearbeitung möglich ist.

So haben Sie bei JPEG-Bildern nur die Optionen, Tonwerte und die Vignettierung anzupassen oder das Bild zu drehen. Auch das Zuschneiden und Neigen der Bilder ist möglich. Einige Optionen finden Sie in den Palettenfenstern am rechten Rand des Arbeitsbereiches – die Dreh- und Zuschnittsymbole in der Werkzeugleiste. Sie ist im folgenden Bild hervorgehoben.

Wird ein RAW-Bild geöffnet, gibt es deutlich mehr Optionen zur Bearbeitung. Sie sehen den prall gefüllten Bereich in der nebenstehenden Abbildung. In den 14 Palettenfenstern finden Sie detaillierte Optionen, um das RAW-Bild zu entwickeln.

Die vielen Optionen, um das Bild nachträglich verändern zu können, sind ein wichtiger Vorteil des RAW-Formates.

Die einzelnen Palettenfenster werden mit einem Klick auf den Pfeil vor jedem Eintrag geöffnet oder geschlossen.

RAW-Bilder entwickeln

Bei RAW-Bildern haben Sie beispielsweise den Vorteil, die Belichtung ohne Qualitätsverlust um maximal zwei Lichtwerte zu korrigieren. So ist es nicht weiter schlimm, wenn Sie beim Fotografieren eine unpassende Belichtung eingestellt haben. Ziehen Sie zum Anpassen der Belichtung den Schieberegler oder tippen Sie den Korrekturwert in das Eingabefeld rechts ein.

Ein weiterer Vorteil besteht darin, dass Sie sich um bestimmte Einstellungen bei der Aufnahme keine Gedanken zu machen brauchen. So können Sie zum Beispiel bei kniffligen Weißabgleichsituationen einfach das RAW-Format einsetzen und die passende Einstellung am Rechner ausprobieren.

Das Gleiche gilt auch für die Einstellung des Kreativmodus. So sehen Sie in der rechten Abbildung, dass Sie in der Liste die gleichen Einstellungen vorfinden, wie sie auch im Kameramenü

zu finden sind. Zusätzlich gibt es Funktionen wie etwa die nachfolgend links abgebildete Farbkurve, mit der Sie die Tonwerte des Fotos sehr präzise korrigieren können. Diese Funktion gibt es sowohl für RAW- als auch für JPEG-Bilder.

Das letzte Palettenfenster enthält Optionen, um falsche Belichtungen sichtbar zu machen. Auch diese Option gibt es für beide Bildtypen.

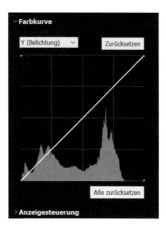
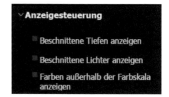

Im folgenden Bild habe ich die Option *Beschnittene Tiefen anzeigen* aktiviert. Die unterbelichteten Bildteile werden dabei gelb hervorgehoben. Sie können diese Option nutzen, um entsprechende Korrekturen vorzunehmen, die die Fehlbelichtungen minimieren. Die Option *Farben außerhalb der Farbskala anzeigen* markiert die nicht druckbaren Farben.

Das Bild zuschneiden

Nutzen Sie die Option *Korrektur von Zuschnitt und Neigung* in der Werkzeugleiste, um Bildteile abzuschneiden. In einem gesonderten Dialogfeld werden diverse Optionen angeboten.

Die Ergebnisse speichern

RAW ist ein Dateiformat, das nicht weiterverarbeitet werden kann. Wenn Sie also das Bild in einem Druckerzeugnis oder für die Präsentation im Web nutzen wollen, müssen Sie das Ergebnis in ein anderes Dateiformat exportieren. Es werden die beiden Dateiformate TIFF und JPEG angeboten. Nutzen Sie die rechte abgebildete Schaltfläche.

1 Nach dem Aufruf wird ein Dialogfeld mit verschiedenen Optionen geöffnet. Stellen Sie zunächst das gewünschte Dateiformat ein. Haben Sie das JPEG-Dateiformat ausgewählt, können Sie im nachfolgend links gezeigten Listenfeld den Grad der Komprimierung einstellen.

2 Mit der *Farbraum*-Option lässt sich gegebenenfalls ein anderer Farbraum festlegen.

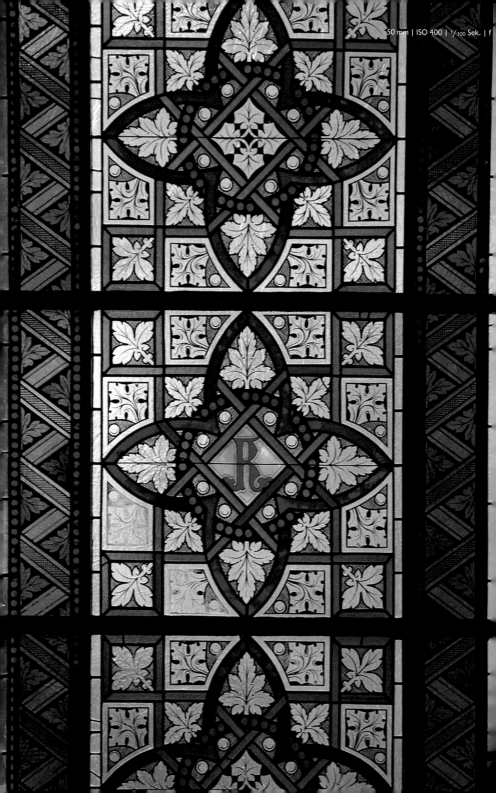

Anhang

Auf den beiden folgenden Seiten finden Sie eine kurze Menüreferenz, in der ich die – meiner Meinung nach – bedeutendsten Menüeinstellungen in einer Übersicht für Sie zusammengefasst habe. Auf welcher Seite im Buch Sie die Details zur jeweiligen Funktion finden, habe ich in Klammern angegeben. Im Glossar erhalten Sie einige Erläuterungen fotografischer Begriffe, die häufiger auftauchen.

Kameraein./Qualität *Extrafein* (Seite 31)

Kameraeinstellungen/Langzeit-RM *Ein* (Seite 63)

Kameraeinstellungen/ Bildfolgemodus *Einzelaufnahme* (Seite 98)

Kameraeinstellungen/AF b. Auslösung *Ein* (Seite 94)

Kameraeinstellungen/ISO *ISO 100* (Seite 146)

Kameraein./JPEG-Bildgröße *L: 24M* (Seite 31)

Kameraein./Hohe ISO-RM *Normal* (Seite 63)

Kameraeinstellungen/Fokusmodus *Automatischer AF* (Seite 72)

Kameraeinstellungen/AF-Hilfslicht *Aus* (Seite 89)

Kameraeinstellungen/ Messmodus *Multi* (S. 66)

Kameraeinstellungen/Seitenverhält. *3:2* (Seite 31)

Kameraeinstellungen/Farbraum *sRGB* (Seite 140)

Kameraein./Fokusfeld *Flexible Spot: M* (Seite 80)

Kameraeinstellungen/Vor-AF *Ein* (Seite 93)

Kameraeinstellungen/ DRO/Auto HDR *Aus* (Seite 155)

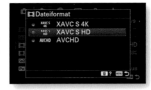

Kameraein./Kreativmodus *Standard* (Seite 158)

Benutzerein./Auslösen ohne Karte *Deaktivieren* (Seite 178)

Benutzerein./Gitterlinien *3x3 Raster* (Seite 184)

Wiedergabe/Anzeige-Drehung *Auto* (Seite 211)

Setup/Anzeigequalität *Standard* (Seite 200)

Benutzerein./Dateiformat *XAVC S HD* (Seite 243)

Benutzereinstellungen/ SteadyShot *Ein* (Seite 92)

Benutzereinstellungen/ Bildkontrolle *5 Sek.* (Seite 185)

Setup/Kachelmenü *Aus* (Seite 198)

Setup/Energiesp.-Startzeit *5 Minuten* (Seite 200)

Benutzerein./Aufnahme-einstlg. *50p 50M* (S. 243)

Benutzerein./Zoom-Ein-stellung *Nur optischer Zoom* (Seite 179)

Benutzerein./Signaltöne *Aus* (Seite 192)

Setup/Löschbestätigung *"Abbruch" Vorg* (Seite 199)

Setup/Dateinummer *Serie* (Seite 108)

A

Abbildungsmaßstab Die Größe, in der das fotografierte Objekt auf dem Sensor abgebildet wird. Bei einem Abbildungsmaßstab von 1:1 spricht man von Makrofotos.

Artefakte Störende »Pixelblöcke«, die entstehen, wenn Sie JPEG-Bilder zu stark komprimieren.

Auflösung Je höher die Auflösung eines Fotos ist, umso größer kann das Ergebnis ohne Qualitätsverlust ausgedruckt werden. Bei einer Auflösung von 24,2 Megapixeln, wie bei der α6100, sind das zum Beispiel 6.000 x 4.000 Pixel.

Autofokus Digitale Kameras können Objekte automatisch scharf einstellen. Dabei orientiert sich das Autofokussystem an den Kontrasten im Bild. Bei kontrastarmen Bildern kann es daher zu Problemen beim Fokussieren kommen.

B

Balgengerät Sozusagen ein »variabler Zwischenring« zur Vergrößerung des Abstands vom Objektiv zum Sensor. Kann nur mit Spiegelreflex-/Systemkameras verwendet werden.

Belichtungsreihe Sie können mit einer Belichtungsreihe dasselbe Motiv mit unterschiedlichen Belichtungswerten fotografieren.

Bildbearbeitung Um digitale Fotos mit dem Rechner zu verändern oder zu optimieren, benötigen Sie ein Bildbearbeitungsprogramm. Dort finden Sie zum Beispiel auch Funktionen, um Bilder zu verfremden.

Bildoptimierung Wenn Fotos bei der Aufnahme nicht optimal gelungen sind, macht dies im digitalen Zeitalter nichts. Sie können diese Bilder nachträglich mit einem Bildbearbeitungsprogramm verbessern. Diese Programme stellen unter anderem Funktionen bereit, um die Helligkeit oder den Kontrast eines Bildes zu ändern. Auch Farbstiche lassen sich entfernen.

Bildwinkel Als Bildwinkel bezeichnet man den Bereich, den das verwendete Objektiv abbilden kann. Bei der Weitwinkeleinstellung ist der Bildwinkel sehr groß – bei der Teleeinstellung ist er dagegen sehr klein. Bei einer Brennweite von 50 mm (im Kleinbildäquivalent) entspricht er in etwa dem des menschlichen Auges.

Blende Als Blende wird die Öffnung im Objektiv bezeichnet, durch die das Licht auf den Sensor fallen kann. Die Größe der Blende ist variabel, sodass die Menge des Lichts, die den Sensor erreicht, gesteuert werden kann.

Blendenflecke Bei Gegenlichtaufnahmen treten in der Aufnahme sogenannte Blendenflecke auf. Diese Reflexe entstehen durch den Aufbau der Linsen und sind je nach verwendetem Objektiv unterschiedlich.

Brennweite Die Brennweite benennt den Abstand zwischen der Hauptebene des Objektivs und dem Sensor. Sie bestimmt den Bildwinkel eines Objektivs. Je kleiner der Abstand ist, umso kleiner ist die Brennweite – zum Beispiel bei der Weitwinkeleinstellung.

Brillanz Unter brillanten Fotos versteht man eine kontrastreiche und detaillierte Bildqualität. Bei kontrastarmen Fotos spricht man dagegen von »flauen« Bildern.

Browser Je mehr Fotos sich auf dem Rechner befinden, umso schwerer fällt das Auffinden eines bestimmten Bildes. Dabei sind sogenannte Browser hilfreich, die die Dateien mit kleinen Vorschaubildern anzeigen. So erhalten Sie einen guten Überblick über den Inhalt eines Ordners.

C

CMOS Die Sony α6100 arbeitet mit einem sogenannten CMOS-Sensor zur Erfassung des Lichts. CMOS ist übrigens die Abkürzung von Complementary metal oxide semiconductor.

CMYK Farbmodell, das beim Druck verwendet wird. Die Druckfarben setzen sich aus Cyan (ein Hellblau), Magenta (eine Art Pink) und Yellow (Gelb) zusammen. Dazu kommt Schwarz, das mit einem K für Key gekennzeichnet ist.

D

Dateiendung Jedes Foto wird mit einer Dateiendung versehen. Bei Sony gibt es neben *.jpg noch die Dateiendung *.arw für die RAW-Bilder. Filme tragen dagegen die Dateiendung *.mp4 oder *.mts bei AVCHD-Filmen.

Dateigröße Je größer die Auflösung eines Fotos ist, umso mehr Pixel enthält es. Jedes Pixel benötigt Speicherplatz. So entstehen bei der digitalen Fotografie schnell sehr große Dateien.

dpi dots (Punkte) per inch (2,54 cm) ist das Maß für die Auflösung von Bildern. Je höher dieser Wert ist, umso mehr Details enthält das Bild. Ist der Wert zu niedrig, werden die einzelnen Pixel des Bildes sichtbar, was sich negativ auf die Bildqualität auswirkt.

E

Exif Exif ist die Abkürzung von Exchangeable image file format. Hier werden diverse zusätzliche Informationen gespeichert. So können Sie nachträglich beispielsweise an den Exif-Daten erkennen, mit welchen Belichtungseinstellungen oder wann Sie ein Foto gemacht haben. Auch etwaige kcamerainterne Bildoptimierungen werden aufgeführt.

F

Farbraum Als Farbraum wird das Farbspektrum bezeichnet, das die zur Verfügung stehenden Farben enthält. Neben dem sRGB-Farbraum bietet die α6100 noch Adobe RGB an.

Farbstich Zeigen Fotos in den grauen Tönen Farben, spricht man von einem Farbstich. Zur Analyse eines Farbstichs muss allerdings eine neutral graue Fläche im Foto vorhanden sein. Bei der Korrektur eines Farbstichs werden alle Farben so verändert, dass der Farbstich in den grauen Partien des Bildes verschwindet.

Farbtemperatur Die Farbtemperatur verwendet man zur Messung des Lichts. Sie wird in Kelvin gemessen. Die Farbtemperatur ändert sich im Laufe eines Tages.

G

Gammawert Der Gammawert bezeichnet die mittleren Tonwerte eines Fotos. Je höher der Wert ist, umso heller ist das Bild. Als Standardwert gilt der Wert 1,0. Niedrigere Werte dunkeln das Bild ab – höhere hellen es auf.

Graustufen Schwarz-weiße Bilder werden auch Graustufenbilder genannt. Diese Bilder bestehen nur aus den Farben Schwarz und Weiß sowie deren Abstufungen. 256 verschiedene Nuancen stehen dabei zur Verfügung.

H

Histogramm Ein Histogramm ist die grafische Darstellung der im Foto vorhandenen Tonwerte. Je häufiger ein Tonwert vorkommt, umso höher ist im Histogramm der »Tonwertberg«. Jedes Pixel im Bild besitzt eine bestimmte Helligkeit, die man als Tonwert bezeichnet. Die Tonwerte setzen sich aus den Farbtönen Rot, Grün und Blau zusammen. Sind die Tonwerte dieser drei Farbtöne gleich, entsteht Grau.

J

JPEG JPEG ist das gängige Grafikformat für digitale Fotos. Um Speicherplatz zu sparen, werden die Daten komprimiert. Je stärker die Bilder komprimiert werden, umso negativer wirkt sich dies auf die Bildqualität aus.

K

Komprimierung Mit der Komprimierung verkleinert man die Dateigrößen der Fotos deutlich. JPEG komprimiert die Fotos beispielsweise auf einen Bruchteil der Originalgröße. Je stärker der Komprimierungsgrad ist, umso deutlicher fällt die Verminderung der Bildqualität auf. Daher müssen Sie einen guten Kompromiss zwischen Dateigröße und Bildqualität finden.

Kontrast   Der Unterschied vom hellsten zum dunkelsten Farbton eines Fotos wird Kontrast genannt. Der maximale Kontrast besteht zwischen den Farben Schwarz und Weiß.

Kontrastmessung   Die α6100 verwendet beim Autofokus unter anderem die Kontraste im Bild, um korrekt fokussieren zu können.

Konturen   Dort, wo helle Bereiche auf dunkle Bereiche im Foto stoßen, ermitteln die Kameras Konturen, die zum Beispiel für die automatische Fokussierung benötigt werden.

L

Lichter   Die hellen Töne eines Fotos bezeichnet man im Fachjargon als Lichter.

N

Nahlinse   Ein »Vergrößerungsglas«, das verwendet wird, um den Abbildungsmaßstab zu vergrößern.

P

Pixel   Digitale Fotos bestehen aus lauter kleinen quadratischen Punkten: den Pixeln. Der Begriff kommt von der englischen Bezeichnung Picture element. Je mehr Pixel in einem Bild vorhanden sind, umso mehr Details sind in dem Foto sichtbar.

R

Rauschen   Rauschen bezeichnet fehlerhafte Pixel, die besonders bei hohen Empfindlichkeiten auftreten.

RAW   Spezielles Dateiformat, das die unbearbeiteten Bilddaten enthält. Einstellungen wie etwa den Weißabgleich können Sie nachträglich am PC mit einer speziellen Software anpassen.

Retusche   Werden Fotos nachträglich ausgebessert oder überarbeitet, spricht man vom Retuschieren. Sie können mit der Retusche auch Bildinhalte verändern.

S

Sättigung Die Sättigung beschreibt die Intensität eines Farbtons. Ist ein Farbton nur schwach gesättigt, ähnelt er einem eingefärbten Grauton. Je stärker die Sättigung ist, umso leuchtender wirken die Farben. Die Sättigung kann über die *Kreativmodus*-Option der α6100 angepasst werden.

Schärfentiefe Schärfentiefe ist der Bereich, der in einem Foto scharf abgebildet wird. Je größer die verwendete Brennweite ist, umso kleiner ist der Schärfentiefebereich.

Spitzlichter Die sogenannten Spitzlichter treten bei Reflexionen im Foto auf etwa auf metallischen Oberflächen oder bei Gegenlicht. Sie fallen bei digitalen Fotos gelegentlich negativ auf.

Spotmessung Bezieht sich die Belichtungsmessung nur auf einen kleinen zentralen Bereich im Foto, spricht man von einer Spotmessung.

T

Tiefen Die Schattenbereiche eines Fotos sind die dunklen Bildteile. Sie werden im Fachjargon auch als Tiefen bezeichnet.

Tonen Werden schwarz-weiße Fotos eingefärbt, spricht man vom Tonen. Sepiafarbene Bilder sind ein bekanntes Beispiel für diese Technik, die bereits in der analogen Fotografie bekannt war. Sie lassen sich leicht mithilfe von Bildbearbeitungsprogrammen erstellen. Mit der *Kreativmodus*-Funktion können Sie bei der α6100 sepiafarbene Bilder erstellen.

Tonwert Jedes Pixel eines Fotos besitzt einen Wert, der aus den Farbtönen Rot, Grün und Blau zusammengesetzt ist. Diesen Wert bezeichnet man als Tonwert. Besitzen alle Farbwerte denselben Wert, entstehen graue Töne.

TTL Abkürzung von Through the lens. Hierbei erfolgt die Belichtungsmessung durch das Objektiv – das Verfahren, mit dem digitale Spiegelreflexkameras und auch die Sony α6100 arbeiten.

U

Umkehrring   Umkehrringe können Sie einsetzen, um Objektive »verkehrt« herum an der Kamera anzubringen. Dadurch wirkt das Objektiv als eine Art Vergrößerungsglas, sodass Objekte größer abgebildet werden. Sie können nur bei Spiegelreflexkameras und Systemkameras eingesetzt werden.

V

Vorschau   Vorschaubilder zeigen eine stark verkleinerte Variante des Originalfotos. So erkennen Sie schnell, um welches Foto es sich handelt.

W

Weißabgleich   Um die unterschiedlichen Farbtemperaturen zu kompensieren, führen digitale Kameras einen Weißabgleich durch. So erscheinen die Farben in allen Situationen neutral.

Z

Zwischenringe   Vergrößern den Abstand von der Optik zum Sensor. Dies hat zur Folge, dass man näher an das Objekt herangehen kann und so einen größeren Abbildungsmaßstab erreicht. Sie lassen sich nur bei Kameras mit wechselbaren Objektiven einsetzen.

Index

Makrofotografie

Mit diesem Titel aus der Reihe »Fotografie kompakt« steigen Sie in das faszinierende Thema der Makrofotografie ein.

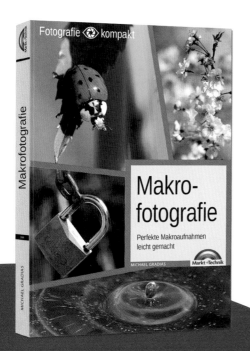

Tauchen Sie ein in die Welt der kleinen Dinge: Ob Sie Pflanzen oder Tiere fotografieren, mit etwas Geduld werden Sie mit außergewöhnlichen Bildern belohnt.

Makrofotografie
Michael Gradias
256 Seiten
ISBN 978-3-95982-090-5
€ 19,95 (D) | € 20,60 (A)

www.mut.de